W0263034

Henk Tennekes

Kolibris und Jumbo-Jets

Die simple Kunst des Fliegens

Aus dem Amerikanischen von
Michael Zillgitt

Springer Basel AG

Die zweite Auflage der Originalausgabe erschien 1993 unter dem Titel «De Wetten van de Vliegkunst» bei Aramith Uitgevers, Prof. van Vlotenweg 1a, NL-2060 AD Bloemendaal. Die amerikanische Ausgabe erschien 1996 unter dem Titel «The Simple Science of Flight» bei The M.I.T Press, Cambridge, MA 02142, U.S.A.

Die deutsche Übersetzung folgt der revidierten amerikanischen Ausgabe unter Berücksichtigung des niederländischen Originals.

Die Deutsche Bibliothek – CIP-Einheitsaufnahme

Tennekes, Henk:

Kolibris und Jumbo-Jets : die simple Kunst des Fliegens / Henk Tennekes. Aus dem Amerikan. von Michael Zillgitt.

Einheitssacht: De wetten van de vliegkunst <dt.>
Amerikan. Ausg. u.d.T.: The simple science of flight.
ISBN 978-3-0348-6072-7   ISBN 978-3-0348-6071-0 (eBook)
DOI 10.1007/978-3-0348-6071-0

Umschlaggestaltung: Braun & Voigt Werbeagentur, Heidelberg
Layout und Satz: Dr. Michael Zillgitt, Frankfurt/Main
Gedruckt auf säurefreiem Papier, hergestellt aus chlorfrei gebleichtem Zellstoff. ∞

ISBN 978-3-0348-6072-7

9 8 7 6 5 4 3 2 1

„Ein Vogel fliegt gemäß den Prinzipien der Mathematik.“
Leonardo da Vinci,
Sul Volo degli Uccelli (Über den Flug der Vögel), 1505

Inhalt

Aztekenmöwe (*Larus atricilla*): $G = 3{,}3$ N, $A = 0{,}1$ m², $b = 1$ m
(zu den Formelgrößen siehe die Erläuterung auf Seite 11).

Einführung

Dieses Buch ist so etwas wie die Rache eines Lehrbeauftragten für Luftfahrttechnik, der es in seinen Vorlesungen gewagt hatte, Berechnungen zum Flug von Enten, Gänsen, Spatzen und Schmetterlingen anzustellen. Damit wollte ich die Aufmerksamkeit meiner Hörer fesseln. Zwei besonders humorlose Studenten beschwerten sich deswegen beim Dekan: „Wir studieren Luftfahrttechnik, weil wir am Flugwesen interessiert sind. Im Lehrplan steht nichts davon, daß wir auch Biologie studieren müssen. Würden Sie bitte dafür sorgen, daß sich Professor Tennekes an den offiziellen Lehrplan hält?"

Prompt wurde ich zum Dekan zitiert, um mich für meine merkwürdigen Methoden zu rechtfertigen. Die Geschichte trug sich im Jahre 1969 an der *Pennsylvania State University* zu.

Der Dekan eröffnete mir: „Henk, es haben sich einige Ihrer Studenten beklagt. Sie haben offensichtlich über Gänse und Schwäne doziert. Das kann ich nicht gutheißen. Mein Beruf – und ich meine, auch Ihrer – gehört zum Ingenieurwesen. Tiere, die mit den Flügeln schlagen, fallen nicht in unser Ressort. Bitte beschränken Sie sich auf die Flugzeugtechnik."

Ich war völlig perplex und brauchte eine Weile, bis ich zu einer Antwort fähig war. „Aber für den Flug der Vögel gilt dieselbe Theorie wie für die Flugzeuge. Da bringe ich doch eher eine nette Beigabe."

Die Ähnlichkeiten zwischen Natur und Technik haben mich schon immer fasziniert. Ich lerne durch Zusammenbringen und Assoziieren verschiedener Informationen anstatt durch deren Zerlegung. Sind nicht in gewissem Sinne ein Schwan und ein Flugzeug mit der gleichen Sorgfalt „konstruiert"? Trotz ihrer Unterschiede folgen sie denselben aerodynamischen Prinzipien, und es ist ziemlich leicht zu erklären, wie sich diese Gesetzmäßigkeiten auswirken. Das erstreckt sich nicht bis in die letzten Details, aber die Laien müssen sich auch nicht mit denselben Feinheiten herumschlagen wie die Techniker.

Wenn Physiker oder Ingenieure den Gegenstand ihrer Arbeiten schildern, neigen sie leider dazu, ihre Leser zu frustrieren. Meist verwenden sie komplizierte Formeln, um zu berechnen, wie groß oder wie schnell irgend etwas ist oder wieviel Energie für eine bestimmte Bewegung benötigt wird. Für Naturwissenschaftler ist es allerdings recht einfach, gewisse Sachverhalte mit einigen Zahlen oder Formeln zu beschreiben und dabei eine tiefere Einsicht in natürlich ablaufende Vorgänge zu erreichen. Weil die meisten Laien die Formeln fürchten wie der Teufel das Weihwasser, steht der Autor eines Sachbuchs vor einem Dilemma, wenn er ein breites Publikum ansprechen will: Vermeidet er Formeln ganz, so scheint er seine Aussagen aus der Luft zu greifen. Dadurch wirkt sein Text wie eine Sammlung von Zaubersprüchen, die dem Leser das Verständnis nicht eben erleichtern. Wie kann ein Naturwissenschaftler dann das Interesse für sein Fachgebiet erwecken, an dem ihm so viel liegt?

Die großen Wunder von Wissenschaft und Technik wurden schon in vielen populären Büchern ausführlich dargelegt. Viel zu oft enthalten die Werke unausgesprochen die Botschaft „Lieber Leser, du bist nur ein Laie und solltest Respekt vor den tiefgründigen Betrachtungen haben, die dir hier von den Spezialisten nahegebracht werden. Sie allein verstehen die Geheimnisse des Universums wirklich, darunter die Bausteine des Lebens, die phantastischen Möglichkeiten der Elektronik und die großen Errungenschaften der Luftfahrttechnik."

Ich glaube nicht, daß die Achtung vor den Wundern der Natur dadurch gemindert wird, daß man sie zu verstehen versucht. Im Gegenteil: Man wird die tieferen Gesetzmäßigkeiten um so eher würdigen, je besser man sie durchschaut. Hat man einmal selbst ausgerechnet, wie groß nach den aerodynamischen Gesetzen die Flügel einer Schwalbe sein müssen, dann wird man das Geheimnis des Vogelflugs noch viel mehr bewundern.

Deshalb werde ich mich keineswegs dafür entschuldigen, daß ich in diesem Buch ein paar Formeln und Berechnungen vorstelle. Ich schätze es, bestimmte Sachverhalte mit einfachen Rechnungen zu illustrieren, und hoffe, meinen Lesern diese nützliche Vorliebe nahebringen zu können. Dazu ein kleines Beispiel: Kürzlich las ich in der Zeitung, daß ein Eisenbahnzug pro Passagier-Kilometer ein Megajoule an Energie braucht. Was sagt mir diese Zahl? Andererseits weiß ich, daß 100 Gramm der Butter auf meinem Frühstückstisch rund 3 200 Kilojoule enthalten. Nun komme ich nicht umhin, mir zu überlegen, wieviel eine Fahrkarte in die nächste Großstadt kosten würde, wenn die Lokomotive mit Butter anstatt elektrisch oder mit Dieselkraftstoff angetrieben würde.

Ebenso kann ich nichts mit der Information anfangen, daß eine Boeing 747 pro Stunde 12 000 Liter Kerosin verbraucht. Muß ich von dieser Zahl beeindruckt sein? Ich kann sie vielmehr nur beurteilen, wenn ich den Benzinverbrauch meines Autos dagegenhalte. Nur durch

Vergleiche mit alltäglichen, bekannten Effekten können viele Zahlen solcher Art eine sinnvolle Information vermitteln. Und wenn bei einer bestimmten Betrachtung eine Formel wirklich nötig ist, muß man sie eben akzeptieren. Man muß dabei aber kein Spezialist sein. Praktisch alle Formeln in diesem Buch sind leicht zu verstehen; man kann also die entsprechende Folgerung nachvollziehen, wenn man sich mit den vier Grundrechenarten auskennt.

Für die Leser, die mit physikalischen Begriffen nicht ganz so vertraut sind, sei noch der folgende Hinweis gestattet: Die in den Bildunterschriften stets erwähnten physikalischen Größen bedeuten: G = Gewichtskraft, A = Flügelfläche, b = Spannweite. Sie werden in Kapitel 1 ausführlich erläutert.

Bei der Fertigstellung dieses Buches haben viele geholfen. Mein besonderer Dank gilt: Fons Baede, Sylvia Barlag, Paul Bethge, Rob Brinkhuijsen, Stanley Corrsin, Jim Daerdorff, Ruth Engledow, Jeroen Gemke, Hein Haak, Hetty de Hoyer, Günther Können, Marlie van Lacre, Bram Leutscher, Els Nijssen, Theo Opsteegh, Olga van der Pot, Robin Tennekes, Ruth Tennekes, John van der Torn und Hans Wittenberg.

Flußseeschwalbe (*Sterna hirundo*): $G = 1{,}2$ N, $A = 0{,}053$ m^2, $b = 0{,}82$ m.

1 Auf großen Schwingen

Nehmen wir an, Sie sitzen in einem Jumbo (einer Boeing 747) und sind unterwegs zu fernen Gestaden. Halb dösend blicken Sie auf die große Tragfläche unter dem Fenster. Die Flügel tragen das Flugzeug durch die Stratosphäre; dabei erreicht es fast Schallgeschwindigkeit. Der Anblick der Tragfläche beflügelt sozusagen auch Ihren Geist, und Ihnen fallen mancherlei Vögel und ihr verschiedenartiges Flugverhalten ein. Enten und Schwäne nehmen beim Start einen langen Anlauf, Seemöwen schweben in Hafennähe neben den Schiffen, Turmfalken fliegen entlang von Straßen und Wegen, Stechmücken tanzen am Waldrand im Sonnenlicht. Sie fragen sich vielleicht, wieviel Energie eine Wildente braucht, um sich in die Luft zu schwingen, und wieviel Nahrung der unermüdliche Kolibri wohl täglich zu sich nehmen muß. Sie erinnern sich an die Drachen, die Sie als Kind bauten, oder an die Papierflieger, die Sie in langweiligen Schulstunden in die Luft warfen. Heute sieht man an den Berghängen oft Drachenflieger und Hanggleiter (*Paraglider*). Recht neu sind die Ultraleichtflugzeuge (*Ultralights*), mit denen man auf jeder Wiese starten und landen kann.

Zurück zu den Jumbo-Tragflächen. Ihre Fläche beträgt etwa 500 m^2, und das Flugzeug hat eine Masse von rund 350 Tonnen. Die Tragflächen halten, wie ja ihr Name sagt, das ganze Flugzeug in der Luft. Das bedeutet, jeder Quadratmeter der Flügelfläche hat eine Last von 700 Kilogramm zu tragen. – Ist das eigentlich viel oder wenig? Vergleichen wir mit einem Wasserbett, das 1,5 Meter breit, 2 Meter lang und 33 Zentimeter hoch ist. Es enthält also einen Kubikmeter Wasser, der eine Tonne wiegt. Das Gewicht dieses Wassers lastet auf einer Grundfläche von 3 Quadratmeter, und die Last pro Quadratmeter beträgt ca. 330 Kilogramm, knapp halb soviel wie bei den Jumbo-Tragflächen. Wenn Sie morgens auf den Bus warten, dann drücken Ihre 70 Kilogramm auf die Schuhsohlen mit einer Fläche von rund 200 Quadratzentimeter. Das ergibt eine Last von 70 Kilogramm pro 0,02 Quadratmeter, also von 3 500 Kilogramm pro Quadratmeter, fünfmal soviel wie bei den Jumbo-Tragflächen. Wenn eine Frau Stöckelschuhe trägt, kann die Last pro Fläche sogar über hundertmal so groß wie bei den Tragflächen sein.

Vielleicht haben Sie einmal irgendwo gelesen, daß eine Boeing 747 pro Stunde 12 000 Liter Kerosin verbraucht. Wieder haben Sie keinen Vergleich und fragen sich, ob das viel oder wenig ist. Ein Kolibri muß

Bachmücke (*Tipula lateralis*): $G = 3 \cdot 10^{-4}$ N, $A = 7,5 \cdot 10^{-5}$ m², $b = 0,02$ m.

pro Tag ungefähr sein eigenes Körpergewicht an Blütennektar fressen, um seinen Energiebedarf zu decken. Das entspricht pro Stunde rund vier Prozent seines Körpergewichts. Und wie sieht diese Bilanz beim Jumbo aus? Auf halbem Wege über den Ozean wiegt er rund 300 Tonnen. Die 12000 Liter Kerosin wiegen etwa 10 Tonnen (die relative Dichte des Kerosins liegt bei 0,8). Also verbraucht der Jumbo pro Stunde rund drei Prozent seines Gewichts an Treibstoff – nichts Besonderes im Vergleich zum Kolibri.

Ein kleiner Kolibri schleppt jedoch keine Nutzlast mit sich. Deshalb ist es angemessener, wenn wir den Energiebedarf des Jumbos mit dem eines Personenwagens vergleichen. Der Jumbo hat eine Reisegeschwindigkeit von 900 Kilometer pro Stunde. Wie gesagt, verbraucht er 12000 Liter pro Stunde. In dieser Zeit legt er 900 Kilometer zurück, und wir errechnen einen Verbrauch von 1330 Liter Kerosin pro 100 Kilometer. Dagegen sieht unser PKW ziemlich gut aus, weil er für dieselbe Strecke nur 10 Liter braucht. Die Rechnung ist aber nicht ganz fair, denn im Jumbo sitzen ein paar hundert Leute, sagen wir 350. Im Auto sitzen dagegen nur drei. Deshalb ist es gerechter, den Verbrauch nicht pro 100 Flugzeug- bzw. Fahrzeug-Kilometer, sondern pro 100 Passagier-Kilometer anzugeben. Dann kommen wir beim Jumbo auf 3,8 Liter und beim Auto mit drei Personen auf 3,3 Liter.

Demnach braucht der Jumbo pro Passagier-Kilometer grob gerechnet ebensoviel Treibstoff wie ein Auto, kommt aber viel schneller vorwärts. Kein anderes Transportmittel ist ähnlich effizient. Und wie ist das bei den Vögeln? Sie vollbringen vergleichbare Leistungen. Die Mehlschwalbe reist jeden Herbst von Europa nach Südafrika, und der amerikanische Mauersegler überwintert in Peru. Es gibt eine Schwalbenart, die zweimal im Jahr sogar fast von Pol zu Pol fliegt. Vögel können solche enormen Entfernungen zurücklegen, weil Fliegen eine ziemlich ökonomische Fortbewegungsart ist.

Auftrieb, Gewicht und Geschwindigkeit

Wollen wir die Gesetzmäßigkeiten des Fliegens erkunden, dann untersuchen wir am besten zuerst, welche Last die Flügel tragen können. Ihre Tragfähigkeit hängt ab von der Flügelfläche und von der Fluggeschwindigkeit (d. h. der Geschwindigkeit relativ zur Luft), außerdem von der Dichte der Luft und schließlich vom Winkel, den die Flügel mit der Flugrichtung bilden.

Der Einfluß der Flügelfläche ist ziemlich einfach anzugeben: Der aerodynamische Auftrieb L (vom englischen Wort *lift*) ist proportional zur Flügelfläche A (vom lateinischen Wort *area*). Das bedeutet, doppelt so große Flügel können die doppelte Last tragen. Unter der Flügelfläche verstehen wir dabei die Oberfläche, die die weit ausgebreiteten Flügel und der Rumpf überdecken.

Sperber (*Accipiter nisus*): $G = 2{,}5\,\text{N}$, $A = 0{,}08\,\text{m}^2$, $b = 0{,}75\,\text{m}$.

Die Beziehung zwischen Auftrieb und Fluggeschwindigkeit ist weniger leicht zu beschreiben. Wir bezeichnen die Fluggeschwindigkeit mit v (vom lateinischen Wort *velocitas*) und die Luftdichte mit d. Die pro Zeiteinheit an den Flügeln vorbeiströmende Masse der Luft ist proportional zum Produkt dv aus Dichte und Geschwindigkeit. Nach den Bewegungsgesetzen – genauer: nach dem zweiten Newtonschen Axiom, auf das wir in Kapitel 4 zurückkommen – ist die Kraft, die der Luftstrom auf die Flügel ausübt, proportional zu v, multipliziert mit dv, also zu dv^2. Wenn ein Flugzeug bei gleichem Winkel der Tragflächen gegen die Flugrichtung zweimal so schnell fliegt, ist der Auftrieb daher viermal so groß. In 12 km Höhe hat die Luftdichte nur ein Viertel ihres Wertes auf Meereshöhe; deshalb muß hier die Fluggeschwindigkeit doppelt so hoch sein wie nahe am Boden, damit derselbe Auftrieb erreicht wird.

Kümmern wir uns jetzt um den Winkel, den die Flügel oder Tragflächen mit der Flugrichtung bzw. mit dem Luftstrom bilden. Man nennt ihn auch „Angriffswinkel" oder Anströmwinkel. Sie können ganz leicht mit ihm experimentieren: Strecken Sie beim Autofahren die Hand flach aus dem Fenster. Wenn Sie sie waagerecht halten, spüren Sie nur den Luftwiderstand. Halten Sie sie verschieden stark geneigt, so daß die Handfläche einen Winkel mit der Fahrtrichtung bildet, dann merken Sie einen Druck nach oben oder nach unten. Die Kraft nach oben ist der Auftrieb, von dem eben schon die Rede war. Wenn Sie den Winkel zur Waagerechten vergrößern, wird der Widerstand höher und gleichzeitig der Auftrieb deutlich geringer.

Vögel können den Winkel ihrer Flügel verändern, und auch bei den Flugzeugen läßt sich mit Hilfe von ausfahrbaren Klappen der Angriffswinkel in gewissen Grenzen verändern. So kann auf unterschiedliche Bedingungen reagiert werden. Für langsamen Flug wird die Nase nach oben gerichtet und damit ein großer Angriffswinkel eingestellt, und zum Beschleunigen wird die Nase gesenkt. Beim normalen Flug liegt der Angriffswinkel im allgemeinen bei 6°.

Wenn die Flügel das Gewicht des Flugzeugs oder des Vogels tragen und damit die Schwerkraft ausgleichen, ist der Auftrieb L gleich der Gewichtskraft G. Wir haben schon gesehen, daß der Auftrieb L proportional zur Flügelfläche A und zum Produkt dv^2 ist. Dasselbe gilt daher für die Gewichtskraft G. Der Faktor 0,3 rührt hier vom eben erwähnten Angriffswinkel (rund 6°) beim normalen Flug her.

$$L = G = 0{,}3 \cdot d\,v^2 A \,. \qquad (1)$$

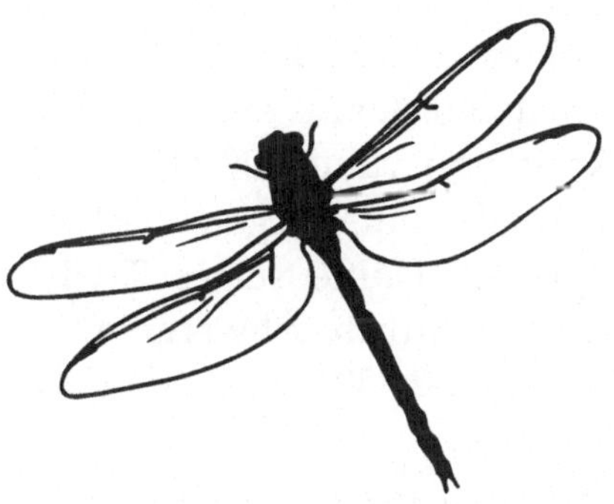

Blaugrüne Mosaikjungfer (*Aeschna cyanea*): G = 0,01 N, A = 0,0018 m^2, b = 0,1 m.

Damit Gleichung 1 den Gesetzen der Physik entspricht, müssen wir die Dichte d, die Flügelfläche A und die Geschwindigkeit v in solchen Einheiten einsetzen, die miteinander konsistent sind, so daß der Faktor 0,3 gerechtfertigt ist. Die Zahlenwerte wären anders, wenn wir die Geschwindigkeit in Kilometer pro Stunde anstatt in Meter pro Sekunde angäben. Am besten ist die durchgängige Verwendung der SI-Einheiten, die heute in Europa allgemein üblich sind. Daher setzen wir die Flügelfläche A in Quadratmeter ein, die Geschwindigkeit v in Meter pro Sekunde und die Dichte d der Luft in Kilogramm pro Kubikmeter. Dann ergibt sich nach Gleichung 1 die Gewichtskraft in Kilogramm-Meter pro Sekundenquadrat, d. h. in Newton. Diese Krafteinheit wurde benannt nach *Isaac Newton* (1642–1727), dem Begründer der klassischen Mechanik. Er formulierte u. a. die drei grundlegenden Bewegungsgesetze.

Ein Newton, abgekürzt N, entspricht auf der Erde der Gewichtskraft einer Masse von rund 102 Gramm. Ein Newton ist definiert als die Kraft, die einer Masse von einem Kilogramm eine Beschleunigung von einem Meter pro Sekundenquadrat verleiht. Entsprechend verleiht eine Kraft von 1 N einer Masse von 102 g die Erdbeschleunigung 9,81 m/s^2, die auf Meereshöhe wirkt. Ein Mensch mit einer Masse von 70 Kilogramm hat demnach auf der Erde eine Gewichtskraft von ungefähr 700 N (genauer: 687 N). Die amerikanische Wanderdrossel hat beispielsweise die Gewichtskraft 1 N und die Flußseeschwalbe etwas weniger.

Nachdem wir nun das mathematische und physikalische Rüstzeug erarbeitet haben, können wir mit Gleichung 1 ein wenig spielen. Setzen wir einmal die Daten für den Jumbo (Boeing 747) ein: Flügelfläche A = 511 m^2, Fluggeschwindigkeit v = 900 km/h bzw. 250 m/s (Meter pro Sekunde). Seine Reiseflughöhe liegt bei 12 Kilometer; hier hat die Luft die Dichte $d = 0{,}313$ kg/m^3 (das entspricht einem Viertel des Wertes auf Meereshöhe). Mit unserer Gleichung errechnen wir daraus den Auftrieb 2990000 Newton; das ist die Gewichtskraft von rund 300000 Kilogramm oder 300 Tonnen. Soviel wiegt ein Jumbo unterwegs zwischen Europa und Nordamerika, wenn er knapp die Hälfte seines Treibstoffvorrats verbraucht hat. Beim Start ist er deutlich schwerer. Das maximale Startgewicht des Typs 747-400 liegt bei 394 Tonnen, und pro Stunde verbraucht er rund 10 Tonnen Kerosin.

Wir können aus Gleichung 1 noch mehr herausholen. Nehmen wir als Beispiel einen Haussperling. Seine Gewichtskraft beträgt 0,3 N, und er fliegt in Bodennähe (hier ist die Luftdichte $d = 1{,}25$ kg/m^3) mit einer Geschwindigkeit von etwa 10 m/s bzw. 36 km/h. Sie können mit Gleichung 1 nachrechnen (und es lohnt sich wirklich, mitzurechnen), daß der Sperling eine Flügelfläche von 0,01 m^2 haben muß. Das sind 100 Quadratzentimeter. Bei einer mittleren Flügelbreite von 5 Zentimeter hat er dann eine Flügelspannweite von 20 Zentimeter. Unsere Gleichung gilt ebenso für Hanggleiter. Ein solches Gerät wiegt mit dem Piloten un-

Tordalk (*Alca torda*): $G = 8$ N, $A = 0{,}038$ m^2, $b = 0{,}68$ m.

gefähr 100 Kilogramm, d. h. die Gewichtskraft G beträgt 980 Newton. Will der Pilot einem Sperling folgen können, dann muß die Flügelfläche 33 Quadratmeter betragen. Für die halbe Geschwindigkeit muß sie größer als 100 Quadratmeter sein. Auch deshalb sind die mit Muskelkraft betriebenen Fluggeräte (siehe Kapitel 5) so unhandlich.

Die Flächenbelastung der Flügel

Wir wollen uns die Sache möglichst einfach machen und rechnen auch im folgenden mit der Luftdichte $d = 1{,}25\,\text{kg/m}^3$, die am Erdboden vorliegt. Für Vögel, die ja nicht sehr hoch fliegen, können wir ohne weiteres diesen konstanten Wert verwenden, ohne einen merklichen Fehler zu machen. Aber bei Flugzeugen, die viel höher fliegen, müssen wir die korrekte Luftdichte einsetzen, die in großer Höhe deutlich geringer ist. Wir passen Gleichung 1 unseren Bedürfnissen weiter an und dividieren dazu beide Seiten durch die Flügelfläche A. Das ergibt

$$\frac{G}{A} = 0{,}38 \cdot v^2 . \qquad (2)$$

Hiermit wird mathematisch folgender Sachverhalt ausgedrückt: Je höher bei einem Vogel der Wert von G/A ist, also die Last pro Flügelfläche, desto schneller muß er fliegen. Dasselbe gilt für Flugzeuge, Hanggleiter und vergleichbare Fluggeräte. Bleiben wir nahe am Boden, so daß die Luftdichte sich nicht ändert, dann hängt die Fluggeschwindigkeit nur von der Flächenbelastung ab, und wir benötigen keine andere Größe. Das ist der große Vorteil der Gleichung 2.

Der Vorgängertyp der Fokker F-50 war die Fokker Friendship mit der Masse 19 Tonnen, also einer Gewichtskraft von knapp 186000 Newton. Ihre Flügelfläche betrug 70 Quadratmeter, und die Flächenbelastung lag bei 2700 Newton pro Quadratmeter. Damit war eine Fluggeschwindigkeit von 85 m/s bzw. 306 km/h möglich. Die Boeing 747 hat eine Flächenbelastung von $7000\,\text{N/m}^2$ und muß daher in Bodennähe viel schneller als die Fokker Friendship fliegen, um nicht abzustürzen. Bei dem Haussperling mit der Flächenbelastung $38\,\text{N/m}^2$ ergibt sich die schon vorhin berechnete Fluggeschwindigkeit zu 10 m/s bzw. 36 km/h. – Das alles deutet darauf hin, daß die Flächenbelastung mit der Größe des Vogels bzw. Flugzeugs verknüpft ist. Daß größere Vögel eine höhere Flächenbelastung haben und schneller fliegen als kleinere, hängt durchaus damit zusammen, daß die Boeing 747 viel schneller fliegt als der Sperling.

Unser Verständnis der Naturgesetze geht auf die Arbeiten vieler Menschen zurück, die sich der Erklärung von Naturerscheinungen verschrieben haben. Hier möchte ich vor allem den Verfahrenstechniker Crawford H. Greenewalt nennen, der Vorstandsvorsitzender des Chemiekonzerns *DuPont* war und lange Zeit mit der *Smithsonian Institution* zusammenarbeitete. Er beschäftigte sich in seiner Freizeit jahrelang mit den physikalischen Größen, die den Flug von Vögeln und Insekten bestimmen. Sein besonderes Interesse galt den Kolibris. Unter anderem führte er zahlreiche stroboskopische Messungen aus, um die Frequenzen ihres Flügelschlags zu ermitteln.

Einige der von Greenewalt und anderen gefundenen Werte sind in Tabelle 1 aufgeführt. Zur besseren Vergleichbarkeit enthält sie nur Seevögel, und zwar Seeschwalben, Möwen und Albatrosse. Wir entnehmen der Tabelle, daß sowohl die Flächenbelastung der Flügel als auch die Fluggeschwindigkeit um so größer sind, je schwerer der Vogel ist. Diese Abhängigkeit führt aber nicht zu drastisch unterschiedlichen Geschwindigkeiten: Der Wanderalbatros ist 74mal schwerer als die

Tabelle 1: Hier sind für einige Vögel folgende Größen zusammengestellt: Gewichtskraft G, Flügelfläche A, Flächenbelastung G/A und Fluggeschwindigkeit v. Gewicht und Flügelfläche sind Meßwerte, während die Geschwindigkeit nach Gleichung 2 berechnet wurde. Allgemein müssen größere Vögel schneller fliegen als kleinere.

	G	A	G/A	v	v
	N	m^2	N/m^2	m/s	km/h
Flußseeschwalbe	1,20	0,053	23	7,8	28
Lachmöwe	2,60	0,085	31	9,0	32
Schwarzer Scherenschnabel	3,00	0,089	34	9,4	34
Sturmmöwe	3,67	0,115	32	9,2	34
Königsseeschwalbe	4,70	0,108	44	10,7	39
Dreizehenmöwe	4,90	0,097	49	11,5	36
Eissturmvogel	8,10	0,124	66	13,2	48
Silbermöwe	11,0	0,21	52	11,7	42
Riesenraubmöwe	13,5	0,214	63	12,9	46
Mantelmöwe	19,2	0,272	71	13,6	49
Südlicher Rußalbatros	28,0	0,340	82	14,7	53
Schwarzbrauenalbatros	38,0	0, 360	106	16,7	60
Wanderalbatros	87,0	0,620	140	19,2	69

Flußseeschwalbe, aber die Flächenbelastung seiner Flügel ist nur 6mal größer, und er fliegt nur 2,5mal so schnell. Das entspricht der Gleichung 2. Im Vergleich zum Gewicht nimmt die Flächenbelastung weniger stark zu.

Wir wollen die Zusammenhänge noch ein bißchen besser verstehen. Dazu tragen wir in Abbildung 1 in einem doppelt-logarithmischen Diagramm das Gewicht (in Newton) gegen die Flächenbelastung (in Newton pro Quadratmeter) auf. In einer logarithmischen Auftragung entsprechen gleichen Quotienten gleiche Abstände auf den Achsen. Weil 2 mal 3 gleich 6 ist, und 2 mal 50 gleich 100, ist auf der Achse der Abstand zwischen 3 und 6 derselbe wie der zwischen 50 und 100. Das können Sie in Abbildung 1 leicht nachvollziehen.

Die steil ansteigende Gerade in Abbildung 1 läßt einen einfachen Zusammenhang zwischen Gewicht und Flächenbelastung vermuten. Die tatsächlichen Werte für die einzelnen Vögel liegen aber nicht genau auf der Geraden. So hat der Eissturmvogel eine für sein Gewicht recht hohe Flächenbelastung. Bevor wir auf die Ausnahmen weiter eingehen, wollen wir jedoch die Regel herausarbeiten.

Alle Möwen und deren Verwandte ähneln einander mit ihren langen, schmalen Flügeln und deren spitzen Enden; ihr Rumpf hat eine sehr schöne Stromlinienform, während Hals und Schwanz kurz sind. Aber die einzelnen Vertreter dieser Vogelfamilie haben sehr unterschiedliche Größen. Greifen wir uns zwei Möwenarten heraus, deren Flügelspannweiten sich um den Faktor 2 unterscheiden. Nehmen wir an, eine Möwenart sei sozusagen eine maßstäblich vergrößerte Ausgabe ihrer Cousine. Dann sind ihre Flügel nicht nur doppelt so lang, sondern auch doppelt so breit, so daß die Flügelfläche 4mal so groß ist. Ihr Volumen und damit ihr Gewicht sind dagegen 8mal so groß, weil das Volumen gleich dem Produkt aus Länge, Breite und Höhe (oder Dicke) ist. Die größere Möwe ist daher 8mal schwerer, hat aber nur die 4fache Flügelfläche. Daraus errechnen wir leicht, daß die Flächenbelastung ihrer Flügel doppelt so hoch ist. Nach Gleichung 2 ist v^2, das Quadrat der Geschwindigkeit, proportional zur Flächenbelastung G/A. Demnach muß die größere Möwe 1,4mal schneller fliegen als die kleinere (denn die Wurzel aus 2 ist etwa gleich 1,4).

Auch für den Zusammenhang zwischen dem Gewicht G und der Flächenbelastung G/A wollen wir eine handliche Formel aufstellen. Wir schreiben b für die Flügelspannweite; das ist der Abstand zwischen den Flügelspitzen bei voll ausgebreiteten Flügeln. Wenn die Flügelfläche A proportional zu b^2 und das Gewicht proportional zu b^3 ist, dann muß

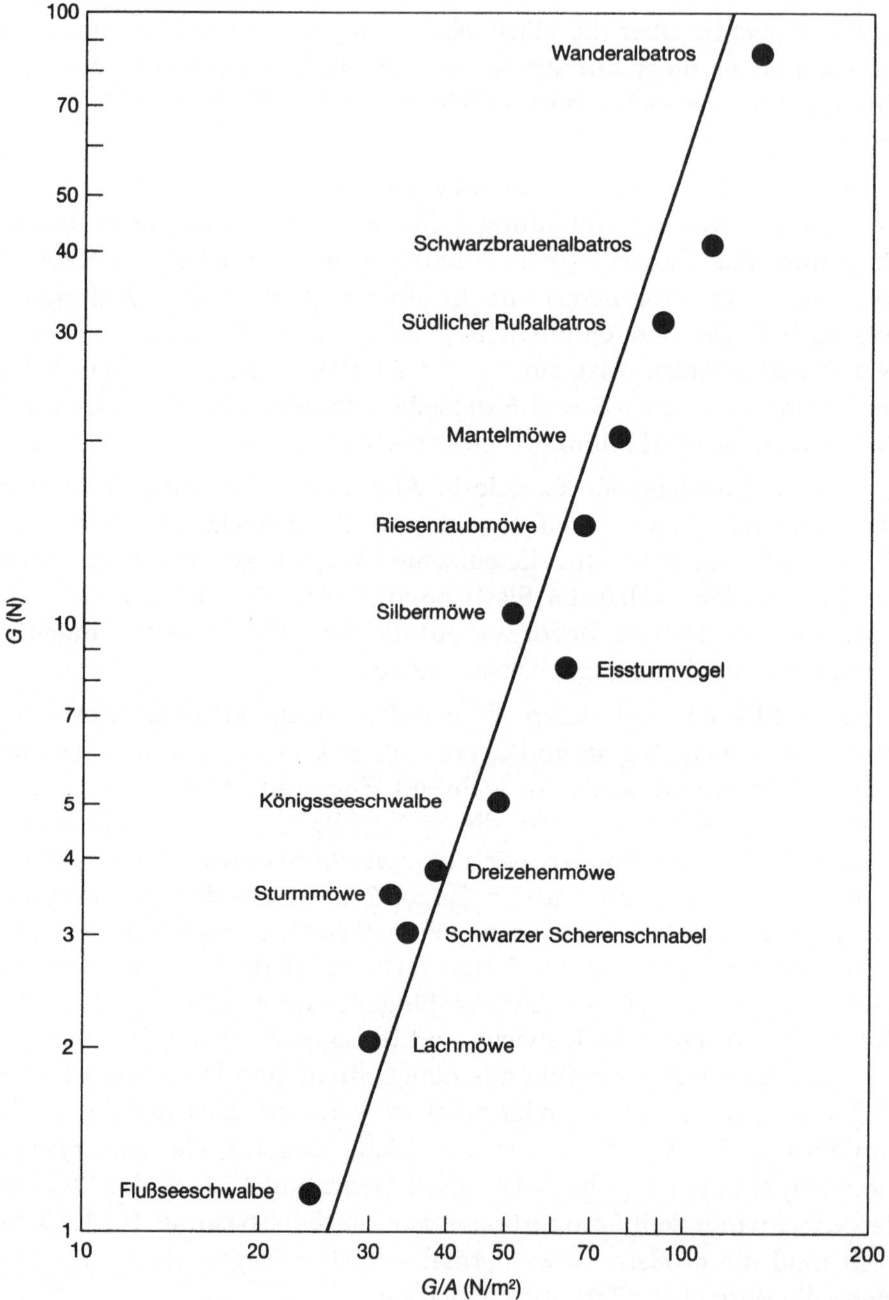

Abbildung 1: Die Beziehung zwischen dem Gewicht G und der Flächenbelastung G/A in einer doppelt-logarithmischen Auftragung. Wenn die Gewichtskraft G 100mal größer ist, dann ist die Flächenbelastung nur 5mal und die Geschwindigkeit relativ zur anströmenden Luft nur gut 2mal höher. Die Gerade entspricht der Gleichung 3, wie im Text ausgeführt wird.

die Flächenbelastung G/A proportional zu b sein. Nun ist b seinerseits proportional zur Quadratwurzel aus G. Wir fassen das zusammen und erhalten folgende Größenbeziehung zwischen Gewicht und Flächenbelastung:

$$\frac{G}{A} = c \sqrt[3]{G}. \qquad (3)$$

Diese Gleichung gilt genaugenommen nur für Vögel, deren einzelne Abmessungen im selben Verhältnis zueinander stehen, die also eine maßstäbliche Vergrößerung oder Verkleinerung der anderen sind. Die steil ansteigende Gerade in Abbildung 1 entspricht der Gleichung 3. Der Proportionalitätsfaktor c ist dabei empirisch ermittelt worden. Für die hier aufgenommenen Seevögel hat er den Wert 25. Das bedeutet, bei einem Gewicht von 1 Newton beträgt die Flächenbelastung 25 Newton pro Quadratmeter.

Die in Gleichung 3 wiedergegebene Beziehung zwischen Größe und Flächenbelastung ist allgemein anwendbar, wenn es um Gewichte und die sie tragenden Flächen oder Querschnitte geht. Der italienische Physiker und Astronom *Galileo Galilei* (1564–1642) verfaßte eine der

Silbermöwe (*Larus argentatus*): $G = 11$ N, $A = 0,21$ m², $b = 1,4$ m.

Sturmschwalbe (*Hydrobates pelagicus*): $G = 0,17$ N, $A = 0,01$ m^2, $b = 0,33$ m.

ersten wissenschaftlichen Abhandlungen über dieses Thema. Er hatte sich unter anderem gefragt, warum die Beine der Elefanten im Verhältnis zur Körpergröße so dick sind. Die Antwort ist folgende: Je größer ein Tier bei gleichen Längenrelationen seiner Körperteile ist, desto mehr Last pro Fläche haben die Beine zu tragen. Wir können das auch anders ausdrücken: Vergrößert man alle Abmessungen eines Tieres beispielsweise um den Faktor 2, dann wächst die Querschnittsfläche der Beinknochen um den Faktor 4, aber das Gewicht (wie eben erläutert) um den Faktor 8, so daß die Flächenbelastung der Beine doppelt so hoch wird. Der Druck auf die Beinknochen steigt mit der dritten Wurzel aus dem Gewicht. Aus alledem geht hervor, daß Landtiere, die wesentlich größer als Elefanten wären, äußerst ungünstige Proportionen hätten.

Die Ingenieure müssen dieselben Gesetzmäßigkeiten beachten, wenn sie Brücken, Wolkenkratzer oder auch „nur" die Aufhängungen für Bühnenvorhänge konstruieren. Gebilde solcher Art müssen eine Stabilisierung – meist aus Stahlseilen – enthalten, damit sie nicht unter dem eigenen Gewicht nachgeben. Die zugrundeliegenden Prinzipien bekommt man auch zu spüren, wenn man barfuß über einen steinigen Weg oder Strand spaziert. Für einen Erwachsenen ist es sehr unangenehm, über Kieselsteine zu gehen, während kleine Kinder auf ihnen herumtollen und gar nichts Besonderes merken. Nehmen wir an, ein Vater ist 2mal so groß und daher 8mal schwerer als seine kleine Tochter. Dann müssen seine Fußsohlen mit der nur 4fachen Fläche das 8fache

Gewicht aushalten. Das bedeutet, die „Flächenbelastung" seiner Füße und somit auch der Druck der Kieselsteine ist doppelt so hoch. Kein Wunder, daß er sich irgendwann weigern wird, mit der Kleinen auf den Kieselsteinen zu bleiben.

Die Größenbeziehung in Gleichung 3 gilt bei den Vögeln aber nicht streng, denn sie sind ja meist keine maßstäblich vergrößerten bzw. verkleinerten Ausgaben anderer Vögel. Deshalb müssen wir so etwas wie eine Bandbreite für die möglichen Abweichungen zulassen. Bei Fluggeräten treten gewaltige Probleme auf, wenn dieser erlaubte Bereich bei der Konstruktion nicht eingehalten wird. Der Spielraum ist recht begrenzt, und unsere Gleichung 3 stellt sozusagen die Leitlinie dar.

Das Große Flugdiagramm

Dank der ausgezeichneten Arbeiten von Crawford Greenewalt und vieler anderer vom Vogelflug begeisterter Forscher können wir nun die Größen zusammenfassen, die die Flugphysik von Vögeln und Flugzeugen bestimmen. Dabei ziehen wir die Flugzeug-Enzyklopädie *Jane's All the World's Aircraft* zu Rate. Wir tragen für alles, was fliegt, den Zusammenhang zwischen Gewicht und Fluggeschwindigkeit in ein doppelt-logarithmisches Diagramm ein; siehe Abbildung 2. Das Ergebnis ist beeindruckend: Die Darstellung umfaßt eine 12malige Verzehnfachung des Gewichts, eine 4malige Verzehnfachung der Flächenbelastung und eine 2malige Verzehnfachung der Fluggeschwindigkeit! Nur für wenige Phänomene in der Natur gelten über dermaßen viele Größenordnungen hinweg dieselben Beziehungen.

Ganz unten in der Abbildung 2 finden wir die Kleine Essigfliege (*Drosophila melanogaster*), die zu den Taufliegen gehört. Ihr Gewicht beträgt ca. $7 \cdot 10^{-6}$ Newton. Sie ist leichter als ein Körnchen Zucker, und ihre Flügelfläche ist nur wenig größer als 2 Quadratmillimeter. Am oberen Ende des Diagramms steht, Sie ahnen es schon, die Boeing 747 mit ihren gut 350 Tonnen bzw. der Gewichtskraft $3{,}6 \cdot 10^6$ Newton. Der Jumbo ist 500 Milliarden mal schwerer als eine Essigfliege, und seine Flügelfläche ($511 \, \mathrm{m}^2$) ist ungefähr 250 Millionen mal so groß. Trotz dieser enormen Unterschiede fliegt der Jumbo nur 100mal so schnell wie die Essigfliege.

Nehmen Sie sich ein bißchen Zeit zum Betrachten des Großen Flugdiagramms. Es enthält sehr viel Information. Die Konstante c in Gleichung 3, die der ansteigenden Geraden entspricht, ist hier gleich 47

gesetzt und damit doppelt so groß wie in Abbildung 1 für die Seevögel. Die Senkrechte liegt bei 36 km/h. Wenn Luft mit dieser Geschwindigkeit anströmt, so entspricht das der Windstärke 5 auf der
Beaufort-Skala, die u. a. von den Seewetterämtern verwendet wird.
Vögel, die langsamer fliegen (im Diagramm also links von der Mitte
eingetragen sind), können gegen stärkeren Wind nicht anfliegen. Dann
sind sie beispielsweise daran gehindert, zu ihrem Nest zurückzukehren.
Ein Vogel muß schneller sein als der Gegenwind, um relativ zum Erdboden voranzukommen.

Abweichungen von der ansteigenden Geraden in Abbildung 2, d. h.
von der Gesetzmäßigkeit nach Gleichung 3, sind offensichtlich in beiden Richtungen möglich, denn wir finden Punkte rechts und links von
dieser Geraden. Sie stellt sozusagen eine Bezugs- oder Trendlinie dar
bzw. einen Standard, mit dem wir die verschiedenen Tierarten oder
auch Flugzeugtypen vergleichen können. Beginnen wir mit denjenigen
Vögeln und Flugzeugen, die dem Trend folgen, also dem Durchschnitt
entsprechen. Der 80 Gramm schwere Gemeine Star mit der Gewichtskraft 0,8 Newton ist ein gutes Beispiel. Stare waren ursprünglich nur
in Europa heimisch. Im Jahre 1890 wurden 100 dieser Vögel im New
Yorker Central Park freigelassen. Sie waren äußerst erfolgreiche Im-
migranten, und ihre Nachkommen haben sich bald über ganz Nordamerika verbreitet.

Mit seiner Flächenbelastung von $40\,N/m^2$ ist der Gemeine Star ein
ganz normaler Vogel, d. h. seine „technischen Daten" sind durchaus
gewöhnlich. Aber auch die Daten der Boeing 747 liegen auf der Geraden
gemäß Gleichung 3. Demnach zählt der Jumbo ebenfalls zu den
normalen Vögeln – zumindest in seiner Gewichtsklasse –, denn seine
Flügelfläche und seine Flächenbelastung entsprechen der Theorie.
Allerdings sind Vögel mit 350 Tonnen Gewicht ziemlich selten.

Bei Flugzeugen können Abweichungen von der theoretischen
Geraden notwendig sein, wenn bestimmte Anforderungen zu erfüllen
sind. So wiegt die Boeing 737 (die kleine Schwester der 747) nur gut
50 Tonnen, entsprechend einer Gewichtskraft von $5 \cdot 10^5$ Newton. Das ist

---

Abbildung 2: Das Große Flugdiagramm zeigt den Zusammenhang zwischen dem
Gewicht G und der Fluggeschwindigkeit v (auf Meereshöhe) sowie der Flächenbelastung G/A. Die Werte auf der Geschwindigkeits-Achse folgen aus Gleichung 2.
Bei der Senkrechten in der Mitte beträgt die Fluggeschwindigkeit 10 m/s bzw.
36 km/h. Die ansteigende Gerade gibt die Größenbeziehung (Gleichung 3) wieder.

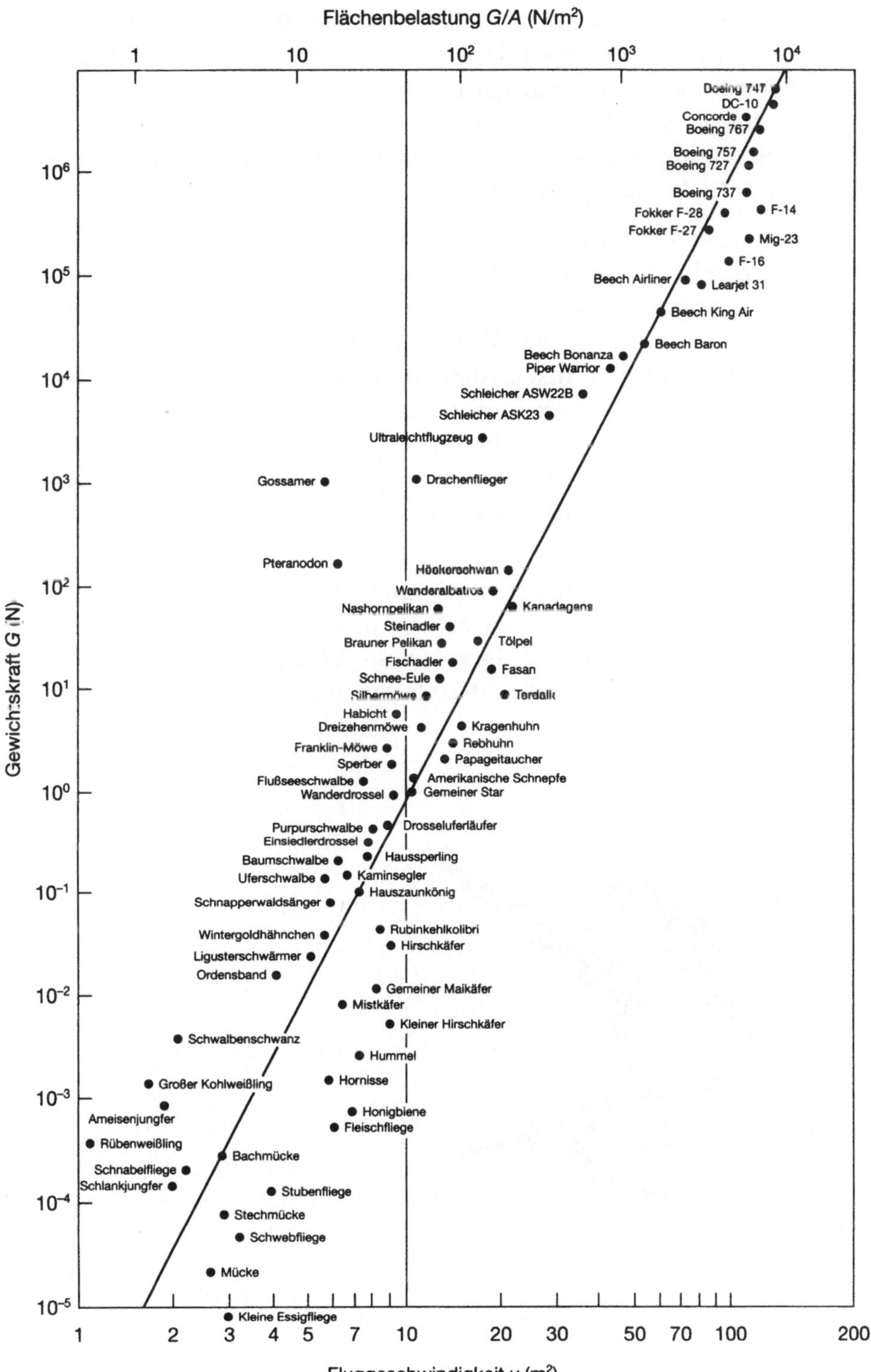
Flächenbelastung G/A (N/m²)
Gewichtskraft G (N)
Fluggeschwindigkeit v (m²)

Boeing 747
DC-10
Concorde
Boeing 767
Boeing 757
Boeing 727
Boeing 737
Fokker F-28
Fokker F-27
F-14
Mig-23
F-16
Beech Airliner
Learjet 31
Beech King Air
Beech Baron
Beech Bonanza
Piper Warrior
Schleicher ASW22B
Schleicher ASK23
Ultraleichtflugzeug
Gossamer
Drachenflieger
Pteranodon
Höckerschwan
Wanderalbatros
Nashornpelikan
Kanadagans
Steinadler
Brauner Pelikan
Tölpel
Fischadler
Fasan
Schnee-Eule
Silbermöwe
Tordalk
Habicht
Dreizehenmöwe
Kragenhuhn
Franklin-Möwe
Rebhuhn
Sperber
Papageitaucher
Flußseeschwalbe
Amerikanische Schnepfe
Wanderdrossel
Gemeiner Star
Purpurschwalbe
Drosseluferläufer
Einsiedlerdrossel
Baumschwalbe
Haussperling
Uferschwalbe
Kaminsegler
Schnapperwaldsänger
Hauszaunkönig
Wintergoldhähnchen
Rubinkehlkolibri
Ligusterschwärmer
Hirschkäfer
Ordensband
Gemeiner Maikäfer
Mistkäfer
Kleiner Hirschkäfer
Schwalbenschwanz
Hummel
Großer Kohlweißling
Hornisse
Ameisenjungfer
Honigbiene
Rübenweißling
Fleischfliege
Schnabelfliege
Bachmücke
Schlankjungfer
Stubenfliege
Stechmücke
Schwebfliege
Mücke
Kleine Essigfliege

ein Siebentel des Gewichts der 747. Hätte man die 737 als maßstäbliche Verkleinerung des Jumbos konstruiert, so wäre ihre Flächenbelastung nach Gleichung 3 fast 2mal geringer als die der 747 (denn die dritte Wurzel aus 7 ist 1,9). Nach Gleichung 2 betrüge ihre Reisegeschwindigkeit dann nur 73 Prozent von derjenigen der großen Schwester, also 660 statt 900 Kilometer pro Stunde.

Angesichts der Dichte des heutigen Flugverkehrs über Europa und Nordamerika brächte das Probleme mit sich, denn Staus lassen sich um so leichter vermeiden, je ähnlicher die Geschwindigkeiten aller Flugzeuge sind. Damit die 737 annähernd so schnell wie die 747 fliegt, legte man ihre Flügel kleiner aus, so daß ihre Flächenbelastung höher als die der meisten anderen Flugzeuge derselben Gewichtsklasse ist. Damit liegen ihre Datenpunkte in Abbildung 2 rechts von der ansteigenden Geraden. Trotzdem ist die Geschwindigkeit der 737 um ca. 100 km/h geringer als die der 747 und damit im dichten Flugverkehr immer noch ein gewisses Ärgernis.

Links von der ansteigenden Geraden in Abbildung 2 finden wir manche Vögel, deren Flächenbelastung unterhalb des Mittelwerts der betreffenden Gewichtsklasse liegt. Diese Vögel haben eigentlich zu große Schwingen und für ihre Größe zu geringe Geschwindigkeiten.

Rauchschwalbe (*Hirundo rustica*): $G = 0,2$ N, $A = 0,013$ m^2, $b = 0,33$ m.

Links oberhalb der Mitte ist der Pteranodon eingetragen, einer der schon lange ausgestorbenen flugfähigen Dinosaurier aus der Kreidezeit (vor 65 bis 144 Millionen Jahren). Mit gut 17 Kilogramm war er doppelt so schwer wie ein Höckerschwan oder ein nordamerikanischer Kondor. Der Pteranodon hatte eine Flügelspannweite von 7 Meter und eine Flügelfläche von 10 Quadratmeter – diese Maße ähneln denen eines Segelflugzeugs. Die Flächenbelastung seiner Flügel betrug ca. $17\,N/m^2$; dieser Wert ist 10mal kleiner als beim Höckerschwan und gleicht etwa dem der Schwalbe.

Der Flugsaurier bewegte sich meist im Gleitflug über den Klippen an der Küste, denn er war nicht stark genug, um sich durch ständiges Flügelschlagen fortzubewegen. Er flog mit rund 7 Meter pro Sekunde (26 km/h) recht gemächlich und konnte bei heftigen Seewinden sicher oft kaum zu seinem Nest zurückkehren. Während der Kreidezeit hatte die Erde jedoch keine vereisten Polkappen, und die Temperaturen an den Polen und dem Äquator unterschieden sich weniger stark als heute, so daß es an den Meeren nicht so heftig wehte.

Schon immer hatte der Vogelflug die Menschen fasziniert, und man unternahm bereits in frühen Zeiten Versuche, sich mit der eigenen Muskelkraft in die Lüfte zu erheben. Aber erst im vorigen Jahrhundert gelangen Otto Lilienthal die ersten Gleitflüge, und die pedalgetriebenen „Luftfahrräder" sind gerade 20 Jahre alt. Für sie verwendet man sehr leichte Materialien und baut extrem große Flügel. Die erforderliche Leistung kann man nur dann durch Muskelkraft aufbringen, wenn man die Anströmgeschwindigkeit der Luft auf das unbedingt notwendige Minimum reduziert. Im Großen Flugdiagramm (Abbildung 2) sehen wir links oberhalb der Mitte die Daten des *Gossamer*. Geräte dieses Typs, in denen ein Mensch mit rund 17 km/h durch die Luft radeln kann, weichen am stärksten von der Theorie ab, die wir hier betrachten. In Kapitel 5 werden wir darauf näher eingehen.

Wenn Sie noch ein wenig beim Großen Flugdiagramm verweilen, werden Sie immer mehr Interessantes entdecken. Wie ist das eigentlich mit der zuweilen hoch gepriesenen Concorde? Sie ist ausgelegt für 2 200 km/h – das ist mehr als die doppelte Schallgeschwindigkeit – bei einer Flughöhe von rund 15 km. Warum hat sie dann keine größere Flächenbelastung und keine kleineren Flügel?

Die Lösung dieses Rätsels besteht darin, daß bei der Konstruktion der Concorde zwei widersprüchliche Anforderungen zu erfüllen waren. Kleine Flügel sind bei hohen Geschwindigkeiten ausreichend, aber für Start und Landung sind größere Flügelflächen nötig, wenn das Flugzeug hier ähnlich schnell fliegen soll wie die anderen Flugzeuge (diesen Punkt hatten wir vorhin schon erwähnt). Wäre die Concorde bei Start und Landung wesentlich schneller als andere Flugzeuge, so benötigte sie eigens anzulegende längere Start- und Landebahnen. Daher mußte die Concorde mit Flügeln ausgestattet werden, die für den überschallschnellen Flug in der Stratosphäre eigentlich zu groß sind. Kein Wunder, daß sie enorme Treibstoffmengen verschlingt. Buchen Sie einen Concorde-Flug – beim Bezahlen wird Ihnen klar, was ich meine! Einen Ausweg aus dem Dilemma böte das Verstellen der Tragflächen. Das können die Vögel mühelos, aber beim Flugzeug müßte man dazu enorm stabile Scharniere anbringen, die das Gewicht zu stark erhöhten und Bedienungsrisiken mit sich brächten. Nur das Militär kann sich bei gewissen Flugzeugen den Luxus verstellbarer Tragflächen leisten.

Da wir gerade von verstellbaren Flügeln sprechen: Wie ist das im Großen Flugdiagramm mit den Mauerseglern, Kaminseglern und Schwalben? Sie alle finden wir links von der Geraden, die der Gleichung 3 entspricht. Das bedeutet, sie haben für ihr Gewicht ziemlich große Flügel und müßten relativ langsam fliegen. Dafür sind sie aber nicht bekannt. Was ist an unseren Überlegungen falsch?

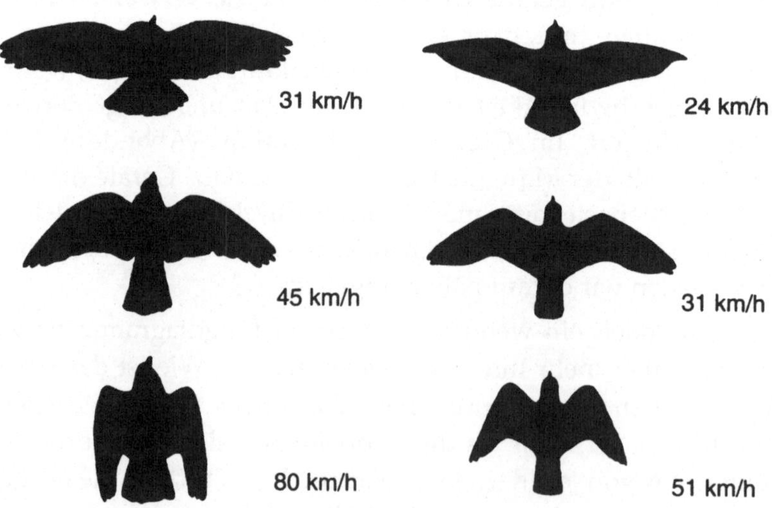

Abbildung 3: Vögel können die Flügelfläche verkleinern und damit ihre Geschwindigkeit erhöhen. Links ist eine Taube dargestellt, rechts ein Falke. Bei schnellem Flug bewirken voll ausgebreitete Flügel außerdem einen unnötig hohen Luftwiderstand.

Wenn Mauersegler und ihre Verwandten sehr langsam fliegen wollen oder müssen, dann breiten sie ihre Flügel weit aus, und zum Beschleunigen falten sie sie teilweise zusammen. Dabei bleibt die Eleganz ihrer Stromlinienform durchaus bestehen. Aber die wirksame Flügelfläche wird kleiner, und die Flächenbelastung nimmt zu. Mit ihr steigt die Fluggeschwindigkeit. Spielen diese Vögel mit den Naturgesetzen?

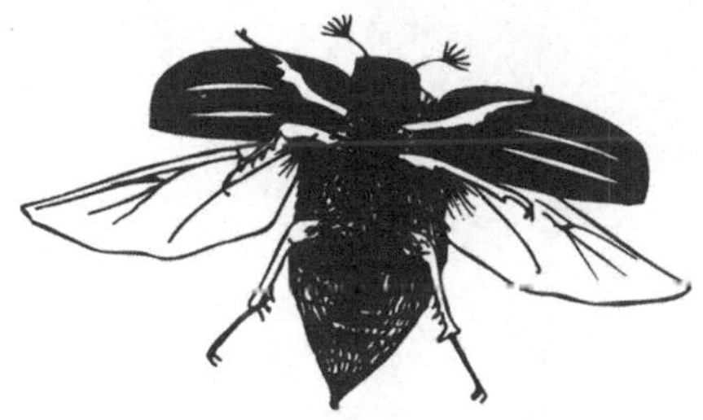

Gemeiner Maikäfer (*Melolontha vulgaris*): $G \approx 0{,}01$ N, $A = 0{,}0004$ m^2, $b = 0{,}06$ m.

Gemäß Gleichung 2 kann ein Vogel seine Geschwindigkeit nicht willkürlich ändern, solange er ökonomisch fliegen will, denn er muß ja mit den Flügeln auskommen, die die Natur ihm verliehen hat. Wir hatten gesehen (Gleichung 2), daß die Fluggeschwindigkeit v durch die Flächenbelastung G/A bestimmt wird: Es ist $G/A = 0{,}38 \cdot v^2$. Wenn die Flügelfläche A den Umständen angepaßt wird, so ändert sich die Geschwindigkeit. Bis zu einem gewissen Grad tun dies sämtliche Vögel, nicht alle aber so gewandt und raffiniert wie die Seglervögel und die Schwalben. In Abbildung 3 ist an zwei Beispielen die Veränderung von Flügelfläche und Geschwindigkeit dargestellt.

Wie wir in Abbildung 4 sehen, ist es leicht zu erkennen, wenn ein Vogel zur Landung ansetzt. Er versucht, so langsam wie möglich zu fliegen; dazu breitet er seine Flügel ganz aus und spreizt die Federn so weit wie möglich ab. Bei den Flugzeugen werden bestimmte Klappen und Vorflügel ausgefahren: beim Start teilweise und kurz vor der Landung ganz. Flugzeuge und Vögel reduzieren ihre Landegeschwindigkeit, damit die Landung nicht zu heftig und die Bremsstrecke nicht zu lang wird.

Der Abbildung 2 entnahmen wir, daß die Boeing 747 eine Flächenbelastung von 7000 N/m^2 und eine Fluggeschwindigkeit von 136 m/s hat. Das entspricht 480 km/h und damit nur rund der Hälfte der

Abbildung 4:   Ein Ibis kurz vor der Landung. Hierbei spreizt er alle Federn ab, auch die am Schwanz. Ebenso streckt er die Füße aus.

normalen Reisegeschwindigkeit. – Was ist denn jetzt wieder falsch? Nun, im Diagramm wurde nicht berücksichtigt, daß in der Reisehöhe des Jumbos die Luftdichte viel geringer ist als in Bodennähe. In 12 km Höhe ist die Dichte der Luft 4mal kleiner als auf Meereshöhe, und die Fluggeschwindigkeit ist doppelt so hoch. Die Abbildung 2 gilt jedoch nur für die Bedingungen, wie sie etwa auf Meereshöhe herrschen. In Kapitel 6 werden wir die Umrechnungsfaktoren kennenlernen; siehe dazu Tabelle 6.

Erstaunlich ist in Abbildung 2 die Kontinuität von den winzigsten Insekten bis zu den riesigen Flugzeugen. Der größte europäische Käfer, der Hirschkäfer (*Lucanus cervullus*), wiegt 3 Gramm, soviel wie ein Stück Würfelzucker oder eine dicke Haselnuß. Der kleinste europäische Vogel ist das Wintergoldhähnchen; es ist mit 4 Gramm kaum schwerer. Die Flächenbelastung der Flügel hat bei großen Insekten ähnliche Werte wie bei kleinen Vögeln. Das ist ein wichtiger Befund. Man kann sich vorstellen, daß der größte Käfer den kleinsten Vogel an Größe übertrifft. Es könnte aber auch so etwas wie eine Lücke in den Größen von großen fliegenden Insekten und kleinen Vögeln geben. Abgesehen von der unterschiedlichen Konstruktion (s. u.) sind hinsichtlich der Flugphysik die Übergänge zwischen Insekten und Vögeln sozusagen fließend. Auf jeden Fall aber ist der größte Vogel viel kleiner als das kleinste Flugzeug.

Es gibt zwei unterschiedliche Bauprinzipien. Das Exoskelett der Insekten, d. h. ihre außen liegende, stabilisierende Chitinhülle, besteht aus stabilen Plättchen. Dagegen haben Vögel wie alle Wirbeltiere (und auch der Mensch) ein sogenanntes Endoskelett: Das tragende Knochengerüst befindet sich innerhalb des Körpers. Bei Massen um 3 Gramm sind Exo- und Endoskelett konstruktiv ungefähr gleich günstig. Bei etwas leichteren Tieren ist das Exoskelett vorteilhafter, während es bei rund 4 Gramm (der Masse der kleinsten Vögel) schon ungünstig ist. So fein austariert sind die Gesetzmäßigkeiten, die wir den Bauplänen der Natur entnehmen können.

Was bestimmt in der Natur eigentlich die Entscheidung zwischen beiden Skelett-Typen? Ist es die Struktur der Flügel, das Gewicht des Skeletts, die geometrische Anordnung der Muskel-Befestigungen am Skelett (also die Hebelarme), die Strömungsbedingung für die Atmung oder die für den Blutkreislauf? Hier tut sich ein weites Feld auf, in dem auch angehende Flugzeugingenieure nach Herzenslust forschen können. Manche der Erfahrungen beim Flugzeugbau können dabei als Ausgangspunkt dienen. Wie die Insekten haben auch die meisten Fluggeräte sozusagen ein Exoskelett, das heißt, ihre Außenhaut ist gleichzeitig die tragende Konstruktion. Offensichtlich ist das Endoskelett sowohl für sehr kleine als auch für extrem große fliegende Tiere oder Geräte ungünstig.

Nun haben wir uns fürs erste genug mit Flächenbelastungen und Fluggeschwindigkeiten befaßt. Jetzt wollen wir betrachten, welche Energie oder welche Leistung zum Fliegen aufzubringen ist. Kolibris und Flugzeuge verbrauchen pro Stunde einige Prozent ihres Gewichts an Nahrung bzw. Treibstoff. Schon daraus wird deutlich, daß der Energieverbrauch eine wichtige Rolle spielt. Fliegen ist die meiste Zeit harte Arbeit. Wenn Sie in Ihrem Garten einen Zaunkönig singen hören, dann tut er das keineswegs aus Freude am Leben; vielmehr grenzt er mit dem Gesang sein Revier gegen Konkurrenten ab, ohne dabei die Grenzen seines Territoriums entlangfliegen zu müssen. Für diese Flüge – dauernd hin und zurück – wäre ziemlich viel Energie nötig.

Vögel müssen einen Großteil der Zeit mit der Nahrungssuche verbringen. Auch deshalb ist es viel günstiger, seine Melodie zu pfeifen, anstatt die Nebenbuhler zu jagen. Außerdem sollten Vögel das Futter für ihre Jungen im Nest sehr sorgfältig wählen. Beispielsweise haben sie die Wahl zwischen fetten Raupen im Wald, aber einen halben Kilometer entfernt, und fast schon verhungerten Maden auf der Wiese direkt unter dem Nest. Wenn der Vogel die Entscheidung nicht sehr sorgfältig trifft, kann es ihm passieren, daß er mehr Energie für die Suche nach Futter aufwenden muß, als die Nahrung ihm und seinen Jungen letztlich einbringt.

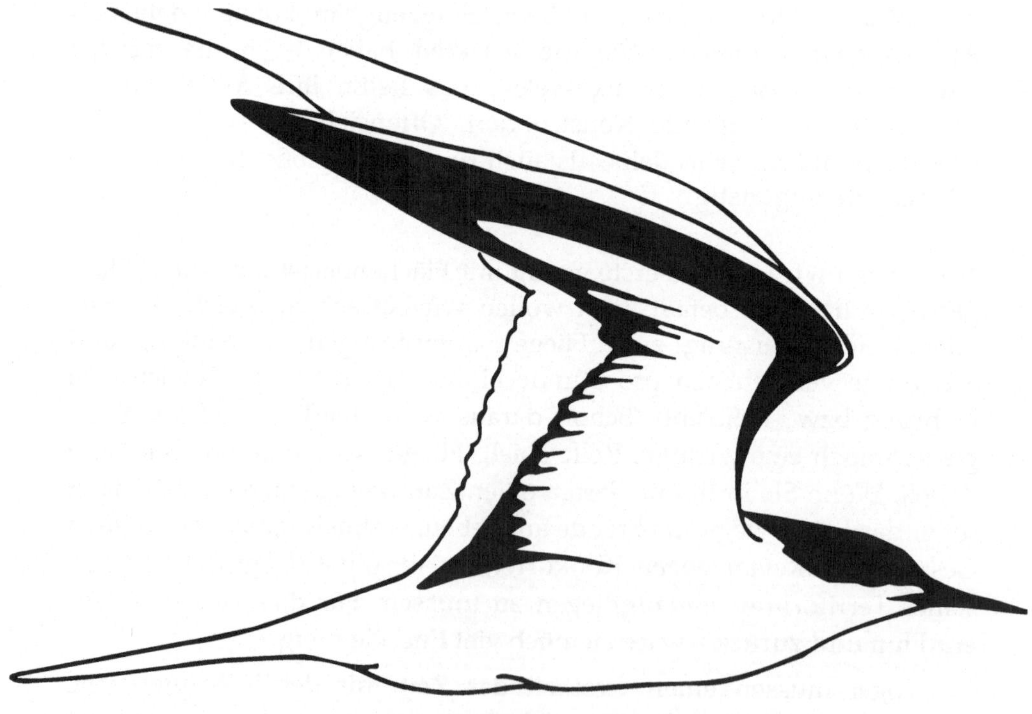

Flußseeschwalbe (*Sterna hirundo*): $G = 1{,}2\,\text{N}$, $A = 0{,}053\,\text{m}^2$, $b = 0{,}82\,\text{m}$.

2 Fliegen ist harte Arbeit

Wenn Sie eine Lebensversicherung abschließen wollen, müssen Sie meist eine medizinische Untersuchung absolvieren. Dann wird der Arzt Sie irgendwann auf einen Heimtrainer setzen, die Leistung auf vielleicht 150 Watt einstellen und ungerührt darauf warten, daß Sie außer Atem kommen. Anschließend wird er die Leistung ein bißchen verringern, um die Belastung zu ermitteln, bei der Ihr Puls gleichmäßig bei 120 liegt.

Fast alle Geräte und industriellen Erzeugnisse werden heutzutage auf verschiedenste Arten getestet, auch Autos: Man fährt sie gegen eine Betonwand, um die Stabilität zu überprüfen; außerdem mißt man die Motorleistung, den Benzinverbrauch und die Abgasemission. Flugzeuge hingegen werden als maßstäblich verkleinerte Modelle im Windkanal getestet. In ihm erzeugen riesige Propeller einen regelbaren Luftstrom, so daß man die unterschiedlichen Flugzustände bei verschiedenen Geschwindigkeiten simulieren kann. Solche Versuche sind ein ganz wichtiger Schritt bei der Entwicklung neuer Flugzeuge, und man führt die Modelle mit aller erdenklichen Sorgfalt aus. Die Flugzeugkonstrukteure müssen die Flugeigenschaften neuer Typen genau kennen, bevor der erste Prototyp mit Menschen an Bord gestartet wird.

Windkanäle gibt es in den unterschiedlichsten Größenordnungen und Ausführungen. Der einfachste besteht aus einem Rohr, durch das mit einem Propeller Luft geblasen wird. Die meisten Windkanäle sind allerdings viel komplizierter aufgebaut und sehr teuer. Ihre Leistungsaufnahme kann enorm sein, beispielsweise bei den Überschallwindkanälen, in denen Modelle neuer Kampfflugzeuge oder des *Space Shuttle* getestet werden. Der Querschnitt der größten Windkanäle ist mehrere Meter hoch und breit. Aber nicht nur Flugzeugmodelle werden in Windkanälen erprobt, sondern auch Automodelle mit voller Größe. Hier ermittelt man mit Hilfe kleiner angeklebter Fäden, wie die Luft um das Fahrzeug strömt. Schließlich dienen Windkanäle auch zum Simulieren von Strömungen bei chemischen Produktionsanlagen; solche Tests sind unter anderem zum Erforschen von Auswirkungen auf die Umwelt nötig.

Für mich ist der Windkanal von Vance Tucker der eindrucksvollste. Tucker ist Zoologe an der *Duke's University* in North Carolina (USA) und befaßte sich viele Jahre lang mit dem Flug der Vögel. Vor einiger Zeit trainierte er einen Wellensittich darauf, in einem speziell dafür ent-

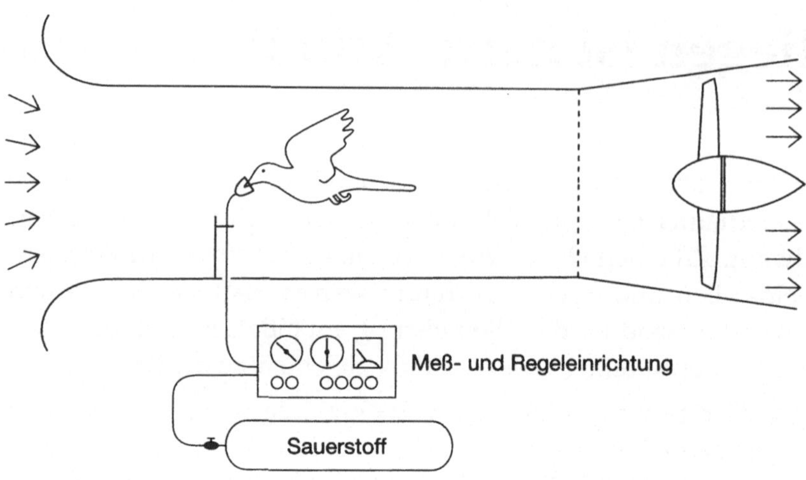

Abbildung 5:   Vance Tuckers Wellensittich im Windkanal.

worfenen Windkanal zu fliegen. Vor allem wollte Tucker den Sauerstoffverbrauch des kleinen Vogels messen. Dazu legte er ihm eine
Sauerstoffmaske an. Über den Sauerstoffverbrauch konnte Tucker auf
den Energieumsatz des Wellensittichs schließen. Diese Messungen und
Berechnungen stellte er für die verschiedensten Flugzustände an, d. h.
er variierte die Geschwindigkeit (zwischen 15 und 50 km/h) und den
Winkel der Flugrichtung gegen die Waagerechte (zwischen 5° und –5°);
siehe Abbildung 5. Ein gewaltiges Arbeitsprogramm für einen Wellensittich, denn diese Tiere sind keine besonders guten oder geübten
Flieger. Auch dieser Vertreter seiner Gattung hätte es wohl vorgezo-
gen, sich die meiste Zeit zu putzen – schließlich hätte ja mal ein Weib-
chen vorbeikommen können.

Nachdem Tucker die Werte des Sauerstoffverbrauchs gemessen
hatte, mußte er sie nur noch in eine aussagefähige Größe umrechnen.
Dazu berechnete er bei jedem einzelnen Flug zunächst den Energieverbrauch pro Zeit, also die Leistung (die Zusammenhänge werden
weiter unten näher erläutert). Von diesem Wert subtrahierte er den
Grundumsatz. Das ist die Leistung, die für das Aufrechterhalten der Le-
bensfunktionen benötigt wird, darunter die Verdauung. Diese Leistung
ist für den Flug nicht nutzbar. Bei Vögeln ist der Grundumsatz mit
20 Watt pro Kilogramm Körpergewicht rund 10mal höher als beim
Menschen. Tuckers Wellensittich wog 35 Gramm, so daß sein Grundumsatz bei 0,7 Watt lag. Weiterhin kann die Energie der Nahrung nur
zu etwa 25 Prozent in Bewegungsenergie umgesetzt werden. Man sagt,

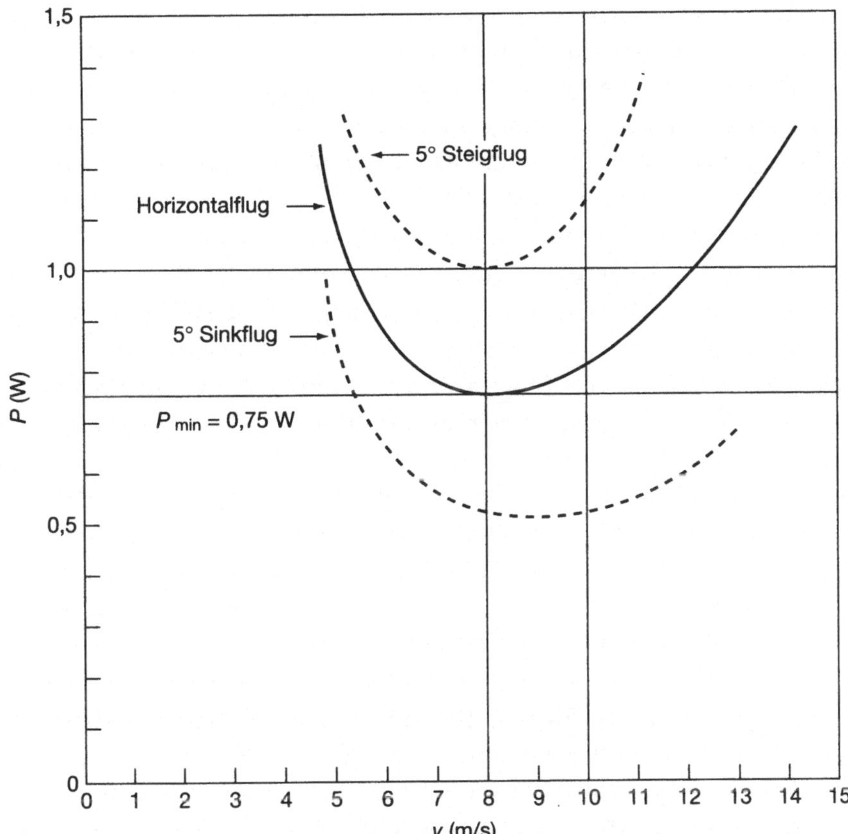

Abbildung 6: Die Leistungsdaten von Tuckers Wellensittich. Für verschiedene Flugzustände ist die Leistung P (in Watt, W) gegen die Geschwindigkeit v (in m/s) aufgetragen. Der horizontale Flug ist bei 8 m/s am ökonomischsten; hierbei beträgt die mechanische Leistung etwa 0,75 Watt. Der Steigflug erfordert jeweils eine höhere Leistung, der Sinkflug eine geringere.

der Wirkungsgrad beträgt 0,25. Daher kann der Wellensittich von der über die Nahrung aufgenommenen Energie nur ein Viertel für die Fortbewegung verwerten.

Die nutzbare mechanische Leistung der Flugmuskeln des Wellensittichs ist in Abbildung 6 gegen die Geschwindigkeit aufgetragen. An diesem Diagramm werden einige der Probleme deutlich, die hinsichtlich des Energiebedarfs beim Fliegen auftreten. Uns fällt sofort die erstaunliche Tatsache auf, daß der langsame Flug energetisch ungünstig ist. Wir können zwar leicht einsehen, daß schnelleres Fliegen anstrengender ist. Die schnellere Fortbewegung erfordert mehr Leistung. Das kennen wir alle vom Radfahren oder sehen es beim nächsten Tanken, wenn wir längere Zeit über die Autobahn gerast sind. Es gibt beim Vogelflug mit Flügelschlagen jedoch eine bestimmte Geschwindigkeit, die die geringste Leistung erfordert. Wenn der Wellensittich horizontal fliegt, beträgt sie 8 m/s bzw. 29 km/h, wie wir aus dem Diagramm ablesen können. Mit einer mechanischen Leistung von 0,75 W oder einem tausendstel PS kann er in der Luft bleiben. Aber warum braucht ein Vogel bei Geschwindigkeiten unterhalb des Optimums eine um so höhere Leistung, je langsamer er fliegt?

Das langsame Fliegen ist unökonomisch, weil Vögel und Flugzeuge die umgebende Luft nach unten verdrängen müssen, um oben zu bleiben. Beim langsamen Flug strömt pro Sekunde wenig Luft um die Flügel. Um den nötigen Auftrieb zu erhalten, muß der Vogel oder das Flugzeug dieser kleinen Luftmenge einen großen Impuls nach unten verleihen, und eben das erfordert eine hohe Leistung. Geht es aber flott voran, dann strömt in derselben Zeit viel mehr Luft um die Flügel, und schon ein kleinerer Impuls verleiht den nötigen Auftrieb. Das verringert den Leistungsbedarf wieder etwas. Wir werden auf diese Zusammenhänge in Kapitel 4 noch einmal zurückkommen.

Offensichtlich konnte Tuckers Wellensittich nicht langsamer als mit 5 m/s oder 18 km/h fliegen. Schlugen seine Flügel bei dieser Geschwindigkeit mit voller Leistung, so lieferten die Muskeln rund 1,3 Watt. Mehr Leistung kann der arme Vogel auf Dauer nicht bringen.

Was sagen uns alle diese Zahlen eigentlich? Lassen Sie uns einige ein bißchen näher betrachten.

Die Flug- oder Brustmuskeln eines Vogels machen rund 20 Prozent seines Körpergewichts aus. Bei gleichmäßigem Flügelschlag können sie pro Kilogramm Muskelmasse rund 100 Watt an mechanischer Leistung liefern. Der Mensch kann nur etwa 10 Watt pro Kilogramm Muskelmasse herausholen. – Kein Wunder, daß es jahrhundertelang nicht glücken wollte, sich aus eigener Kraft in die Lüfte zu schwingen!

Die Flugmuskulatur eines 35 Gramm schweren Wellensittichs wiegt also 7 Gramm und kann daher über längere Zeit eine Leistung von 0,7 Watt bereitstellen. Das stimmt gut überein mit dem Minimum der Kurve für den Horizontalflug in Abbildung 6. Die maximale Leistung, die kontinuierlich abgegeben werden kann, ist bei Vögeln doppelt so hoch, beträgt also rund 200 Watt pro Kilogramm Muskelmasse. Das entspricht beim Wellensittich einer Leistung von 1,4 Watt; auch diesen Wert finden wir im Diagramm wieder. Wenn unsere groben Berechnungen die experimentellen Werte ergeben, dann sind wir wohl auf der richtigen Spur.

Kraft, Energie, Arbeit und Leistung

Im vorigen Abschnitt haben wir eine ganze Menge physikalischer Begriffe benutzt, die uns auch im täglichen Leben öfter begegnen. Oft unterscheidet man kaum zwischen Energie und Leistung, während vor allem das Wort Arbeit zudem auch andere Bedeutungen haben kann. Erst vor knapp 200 Jahren wurden in der Physik eindeutige Definitionen eingeführt, die auch heute noch gelten. Und trotzdem gibt es immer noch Verwirrung! Versuchen wir, sie zu klären.

Die *Leistung* ist in den Naturwissenschaften einzig und allein definiert als Arbeit (oder Energie) pro Zeit. In der Umgangssprache versteht man unter Leistung zuweilen etwas anderes, z. B. eine Tätigkeit oder das Ergebnis einer Tätigkeit – beispielsweise ein Kunstwerk – oder auch die Qualität der Schulnoten.

Mit den Begriffen *Kraft* und *Energie* oder *Arbeit* ist es ähnlich. In der Physik sind Energie und Arbeit weitestgehend identisch. Von der Energie muß die *Kraft* klar unterschieden werden. Oft spricht man von der Atomkraft, die man haben will (oder auch nicht: Wir alle kennen die Aufkleber „Atomkraft – nein, danke"). Es geht aber eindeutig um die Energie, die bei der Kernspaltung frei wird. Auch ist das inzwischen offiziell nicht mehr gebräuchliche PS (die Pferdestärke) keine Einheit der Kraft, wie man aus dem Wort „Stärke" schließen könnte, sondern eine Einheit der Leistung; vgl. hierzu Tabelle 2 weiter unten. Ganz schwierig wird es, wenn in der Psychologie von mentaler Energie die Rede ist. Aber beschränken wir uns hier auf die Physik.

Weißstorch (*Ciconia alba*): $G = 30$ N, $A = 0{,}49$ m^2, $b = 1{,}9$ m.

Wenn wir die Natur beschreiben und sie dadurch besser verstehen wollen, so brauchen wir eindeutige, verständliche Begriffe und Definitionen. Wir können unter einer *Kraft* beispielsweise die Stärke verstehen, mit der ich gegen eine Kiste drücke oder an ihr ziehe. Wenn ich stark genug bin, kann ich sie vielleicht sogar wegschieben oder -ziehen. Die exakte physikalische Definition der Kraft ist mit der Beschleunigung verknüpft, die sie einem Körper mit einer bestimmten Masse verleiht. Solange ich gegen die Kiste drücke und sie sich nicht bewegt, verrichte ich im physikalischen Sinne keine Arbeit – auch wenn ich das nicht lange durchhalte. Ebenso verrichte ich keine Arbeit, wenn ich einen schweren Stein gegen seine Gewichtskraft über dem Boden halte – das werde ich ebenfalls ungern lange machen. Warum bringe ich keine Arbeit auf, obwohl meine Muskeln sich verkrampfen und mir der Schweiß ausbricht? Die *Arbeit* ist definiert als das Produkt aus der Kraft und der Strecke, entlang der sie wirkt. Kurz gesagt: *Arbeit ist Kraft mal Weg.* Bei beiden Beispielen (der ruhenden Kiste und dem festgehaltenen Stein) ist die Strecke null, also auch das Produkt aus Kraft und Strecke, nämlich die Arbeit.

Was wir hier betrachtet haben, ist die mechanische Arbeit oder Energie. Die wichtigsten anderen Energieformen sind die elektrische Energie und die Wärmeenergie.

Die *Leistung* ist – wie schon angedeutet – definiert als die pro Zeiteinheit umgesetzte Menge an Arbeit oder an Energie. Kurz gesagt: *Leistung ist Energie pro Zeit.* Hebe ich einen Stein gegen seine Gewichtskraft in einer halben Sekunde um einen Meter hoch, dann ist meine Leistung doppelt so hoch, als wenn ich dafür eine ganze Sekunde brauche.

Die mechanische Arbeit ist das Produkt aus Kraft und Weg, und die Leistung ist der Quotient aus Arbeit und Zeit. Daher ist die mechanische Leistung auch gleich dem Produkt aus Kraft und Geschwindigkeit (diese ist ja definiert als Weg pro Zeit).

Wir können noch nicht zu den Merkmalen des Vogelflugs zurückkehren, sondern müssen zuerst die Einheiten der Arbeit und der Leistung kennenlernen, die für unsere Zwecke am besten geeignet sind. In Kapitel 1 haben wir schon mehrmals die Krafteinheit Newton (N) verwendet. Die Gewichtskraft, die am Erdboden auf eine Masse von 1 Kilogramm wirkt, beträgt rund 9,8 Newton.

Weil die mechanische Energie oder Arbeit das Produkt aus Kraft und Weg ist, kann die Energieeinheit sehr leicht definiert werden. Seit

Tabelle 2: Die SI-Einheiten für Kraft, Energie (Arbeit) und Leistung; rechts sind zwei im Alltag noch verwendete Einheiten angegeben, mit dem jeweiligen Umrechnungsfaktor in die SI-Einheit.

Kraft
Einheit: Newton, N $\qquad$ 1 N = 1 J/m

Energie (Arbeit)
Einheit: Joule, J $\qquad$ 1 J = (1 N) · (1 m) $\qquad$ (1 cal = 4,18 J)
$\qquad$ 1 J = 1 Ws (Wattsekunde)

Leistung
Einheit: Watt, W $\qquad$ 1 W = 1 J/s $\qquad$ (1 PS = 735 W)

---

der Einführung der SI-Einheiten ist das Newton-Meter (Nm) die gesetzliche Energieeinheit. Es ist, wie der Name schon sagt, gleich dem Produkt aus einem Newton und einem Meter. Das Newton-Meter ist mit der Energieeinheit Joule (J) identisch, die nach dem englischen Physiker *James Joule* (1818–1889) benannt wurde. Er hatte im Jahre 1845 ein berühmt gewordenes Experiment zur Umwandlung von mechanischer Energie in Wärmeenergie durchgeführt. Die Einheit Joule wird auch für die elektrische Energie und die Wärmeenergie verwendet. Für letztere war früher die Einheit Kalorie (cal) gebräuchlich, häufiger das Tausendfache (die Kilokalorie, kcal). In Tabelle 2 ist der Umrechnungsfaktor zwischen Kalorie und Joule angegeben.

Die Leistung schließlich, die Energie pro Zeit, wird in der Einheit Watt angegeben; ein Watt ist gleich einem Joule pro Sekunde bzw. gleich einem Newton-Meter pro Sekunde. Das Watt wurde benannt nach dem Schotten *James Watt* (1736–1819), dem Erfinder der Dampfmaschine. Auch der Einheit Watt sind wir in diesem Kapitel schon begegnet, als wir uns mit Tuckers Wellensittich beschäftigten. James Watt selbst prägte die Leistungseinheit Pferdestärke (PS); vgl. Tabelle 2. Er hatte für die Leistungsangabe nach einem Begriff gesucht, der es den Betreibern der Kohlebergwerke leichter machen sollte, für den Antrieb nicht mehr Pferde, sondern die von ihm produzierten Dampfmaschinen einzusetzen.

Wenn man in der Physik Größen oder Einheiten begegnet, mit denen man noch nicht vertraut ist, dann rechnet man am besten ein bißchen mit ihnen herum, um ein „Gefühl" für sie zu bekommen. Aus eigener Erfahrung ist Ihnen geläufig, daß das Erklimmen eines Berges eine mühevolle Angelegenheit ist, weil es Energie erfordert. Der Energieaufwand rührt daher, daß Sie Ihr Gewicht nach oben tragen müssen.

Anders ausgedrückt: Ihre Masse muß gegen die Schwerkraft auf eine größere Höhe gehoben werden. Und wieviel Energie ist dazu nötig?

Machen Sie es sich etwas einfacher und steigen in Gedanken die Treppe zum nächsten Stockwerk hoch. Angenommen, Sie wiegen 71 Kilogramm, was einer Gewichtskraft von 700 Newton entspricht. Den Höhenunterschied zwischen den Stockwerken setzen wir mit 3 Meter an. Es interessiert uns hier nur die Höhendifferenz und nicht der gleichzeitig waagerecht zurückgelegte Weg. Wie schon gesagt, ist die Arbeit gleich dem Produkt aus der Strecke (Höhendifferenz) und der entlang ihr wirkenden Kraft. Nun ist die mechanische Arbeit, die Ihre Beinmuskeln verrichten müssen, gleich $(700\,\text{N}) \cdot (3\,\text{m}) = 2100\,\text{Nm} = 2100\,\text{J}$. Ist das viel? Keineswegs, denn schon ein einziges Gramm Butter liefert dem Körper eine Energiemenge von über 30000 J. Die Nährwerte von Lebensmitteln sind fast immer in Kilojoule, kJ, bzw. Kilokalorien, kcal, angegeben, d. h. in einer 1000mal größeren Einheit. Wenn der Organismus 20 Prozent der gesamten zugeführten Energie in mechanische Energie umsetzt, können Sie nach dem Verzehr von einem Gramm Butter theoretisch 6000 J mechanische Arbeit verrichten, z. B. gut zwei Stockwerke hoch steigen. Sie sehen: Im Büro und zu Hause stets die Treppe statt des Aufzugs zu nehmen, ist keine sehr wirksame Methode zum Abnehmen (aber ein guter Anfang).

Und wie steht es mit der Leistung beim Treppensteigen? Sie ist nicht so erschreckend gering wie die Energie. Nehmen wir an, Sie steigen pro Sekunde einen halben Meter (etwa 3 Stufen) hoch. Die

Rubinkehlkolibri (*Archilochus colubris*): $G = 0{,}03\,\text{N}$, $A = 0{,}0012\,\text{m}^2$, $b = 0{,}09\,\text{m}$.

Leistung ist gleich der Arbeit, dividiert durch die Zeitspanne, in der sie verrichtet wird, oder auch gleich Kraft mal Geschwindigkeit. Ihre Leistung beim Treppensteigen ist daher (700 N) · (0,5 m), dividiert durch 1 Sekunde; das sind 350 Nm/s = 350 Watt. Nur ein sehr gut trainierter Athlet kann das viel länger als eine Minute durchhalten. Ein gesunder Freizeitsportler bringt es auf 200 Watt, und das kaum eine Stunde lang. Ein Hochleistungssportler kann eine solche Leistung ein paar Stunden lang aufrechterhalten.

Nun vom mühsamen Treppensteigen wieder zurück zum Fliegen, nämlich zu Tuckers Wellensittich. Tucker hatte jeweils die Leistung gemessen, die der Vogel im Steigflug, im Horizontalflug und im Sinkflug aufbrachte (die in Abbildung 6 angegebenen Winkel von 5° entsprechen einer Steigung bzw. einem Gefälle von 8,7 Prozent). Wenn der Vogel mit 8 m/s flog, wofür die geringste Leistung nötig war, erreichte er einen Anstieg von 0,7 Meter pro Sekunde. Jetzt rechnen wir genauso wie eben für das Treppensteigen: Die Leistung ist gleich der Arbeit pro Zeit oder auch gleich der Kraft, multipliziert mit der Geschwindigkeit. Die Kraft ist hier die Gewichtskraft des Wellensittichs, d. h. die Kraft, die zum Hochheben des Vogels nötig wäre. Sie beträgt knapp 0,35 Newton, denn er wiegt 35 Gramm. Die Leistung ist damit (0,35 N) · (0,7 m/s) = 0,25 Watt. Wir wissen schon, daß er bei einer Geschwindigkeit von 8 m/s im Horizontalflug 0,75 Watt benötigt. Beim Anstieg braucht er daher insgesamt 1 Watt an Leistung. Das wird auch durch die Kurven in Abbildung 6 bestätigt.

Ein viertel Watt, das der Wellensittich für den Steigflug zusätzlich aufbringen muß, ist beispielsweise zu wenig, um auch nur ein Christbaumlämpchen zum Leuchten zu bringen. Eine Leistung ganz anderer Größenordnung wird natürlich beim Jumbo mit seinen 350 Tonnen benötigt. Er steigt beim Start pro Sekunde um rund 15 Meter (um 3 000 Fuß pro Minute, wie die Piloten sagen). Hierfür müssen die vier Triebwerke zusammen rund 50 Millionen Watt aufbringen; das sind 50 Megawatt, meist geschrieben als 50 MW. Zum Vergleich: Für diese Leistung benötigte man 9 Hochleistungs-Elektrolokomotiven, jede mit 5,6 Megawatt oder 7 600 PS.

Wenn Sie eine Treppe oder einen Abhang hochsteigen, dann müssen Sie eine Kraft ausüben, um Ihren Körper entgegen seiner Gewichtskraft nach oben zu „heben", also auf eine größere Höhe zu bringen. Wenn Sie wieder herunter möchten, bräuchten Sie sich im Prinzip nur der Schwerkraft anzuvertrauen – aber Sie wollen ja nicht frei fallen, sondern in angemessener Geschwindigkeit heruntergehen.

Dazu müssen Sie bremsen, was leider wiederum Muskelarbeit bzw. -leistung erfordert. Wenn Tuckers Wellensittich im Windkanal den Sinkflug übte, betrug seine Gesamtleistung 0,5 Watt, so daß er gegenüber den 0,75 Watt für den Horizontalflug 0,25 Watt weniger benötigte; für diese kam die Schwerkraft auf. Jetzt können wir ausrechnen, bei welchem Abwärtswinkel der Vogel überhaupt keine Leistung mehr aufbringen müßte. Wir kommen auf rund 15°, was einem Gefälle von 26 Prozent entspricht. Das bedeutet: Pro Meter, den der Wellensittich an Höhe verliert, fliegt er vier Meter in der Waagerechten weiter. Ist das viel oder wenig? Nun – wir hatten am Beginn des Kapitels nicht ohne Grund gesagt, daß Wellensittiche keine besonders guten Flieger sind. Eine Seemöwe beispielsweise kann pro Höhenmeter, den es abwärts geht, zehn Meter horizontal weiterfliegen.

Wir hatten gesehen, daß die Leistung als Produkt von Kraft und Geschwindigkeit errechnet werden kann. Die Leistung, die für den Horizontalflug nötig ist, muß deshalb gleich dem Produkt aus der Fluggeschwindigkeit und einer Kraft sein. Dies ist die Schubkraft S. Zum Vorwärtsfliegen muß der Vogel oder das Flugzeug gerade so viel Kraft ausüben, daß die aerodynamische Widerstandskraft W (siehe Kapitel 4) ausgeglichen wird. Bei konstanter Geschwindigkeit müssen beide Kräfte gleich sein: $S = W$. Daher betrachten wir der Einfachheit halber nur noch die Widerstandskraft W. Die Leistung P ist das Produkt aus dieser Kraft W und der Fluggeschwindigkeit v:

$$P = W v. \qquad (4)$$

Wir formen um:

$$W = \frac{P}{v}. \qquad (5)$$

Wir können die Kurven in Abbildung 6 recht einfach in eine Auftragung der Widerstandskraft gegen die Geschwindigkeit umzeichnen. Dazu lesen wir für jeden Punkt auf der Kurve für den Horizontalflug an der Ordinate (der senkrechten Achse) die Leistung P und an der Abszisse (der waagerechten Achse) die entsprechende Geschwindigkeit v ab. Dann berechnen wir mit Gleichung 5 für jede Geschwindigkeit die Widerstandskraft W. Das Ergebnis ist in Abbildung 7 dargestellt.

Abbildung 7 zeigt noch deutlicher als Abbildung 6, daß langsames Fliegen sehr unökonomisch ist. Die minimale aerodynamische Widerstandskraft bei einem Wellensittich beträgt 0,078 Newton (soviel wie die Gewichtskraft von 8 Gramm), und zwar bei knapp 11 m/s bzw.

40 km/h. Diese Geschwindigkeit liegt erstaunlicherweise deutlich über derjenigen (8 m/s; siehe Abbildung 6), bei der die geringste Leistung nötig ist. Wie kommt das? Die Leistung ist gemäß Gleichung 4 das Produkt aus Widerstandskraft und Geschwindigkeit. Daher ist das langsame Fliegen nur ökonomisch, solange die aerodynamische Widerstandskraft nicht zu schnell ansteigt. Die aufzubringende Leistung ist dann minimal, wenn ein Kompromiß zwischen kleiner Widerstandskraft W und geringer Geschwindigkeit v erzielt wird.

Nun können wir es uns aussuchen, ob wir Abbildung 6 oder Abbildung 7 heranziehen, wenn wir den Energieverbrauch bzw. die Leistung von Vögeln oder Flugzeugen abschätzen wollen. In Kapitel 1 war optimistisch verkündet worden, es gäbe stets eine optimale Fluggeschwindigkeit, auf der alle Berechnungen beruhten. Jetzt müssen wir uns allerdings fragen: Muß beim Optimum die Leistung P oder die Widerstandskraft W minimal sein? Die Antwort hängt davon ab, was wir erreichen wollen. Soll der Flug möglichst lange dauern können,

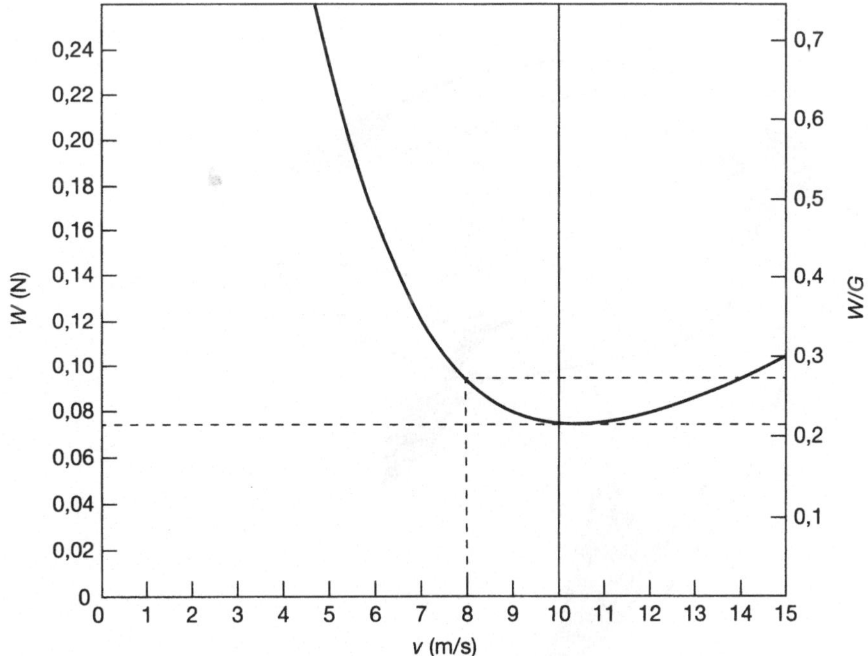

Abbildung 7: Hier sind für den Wellensittich (Gewicht G) die aerodynamische Widerstandskraft W und der Quotient W/G gegen die Fluggeschwindigkeit v aufgetragen. Nähere Erklärung im Text.

weil zum Beispiel Flugzeuge zuweilen lange Warteschleifen durchlaufen müssen, dann muß der Energieverbrauch pro Zeit, also die Leistung P, minimiert werden. Wenn die Flugzeit maßgebend ist, verwenden wir Abbildung 6 und wählen die entsprechende Geschwindigkeit.

Wenn eine möglichst große Entfernung zurückgelegt werden soll, so muß die pro Meter Flugstrecke benötigte Energiemenge minimiert werden. Bei der Auswahl der richtigen Fluggeschwindigkeit hilft uns Tabelle 2 weiter: Die Energie ist das Produkt aus Kraft und Weg; daher ist die Kraft gleich dem Quotienten aus Energie und Weg. Wir können die Kraft in Newton angeben, aber auch in Newton-Meter pro Meter bzw. in Joule pro Meter. Demnach ist die aerodynamische Widerstandskraft W identisch mit der Energie, die pro Meter verbraucht wird. Wenn mit einer Geschwindigkeit geflogen wird, bei der W minimal ist, dann ist dabei zwangsläufig der Energieverbrauch pro Flugstrecke minimal. Die zum Zurücklegen einer möglichst langen Strecke optimale Geschwindigkeit können wir aus einer Auftragung wie in Abbildung 7 ablesen.

Was bedeutet das in der Praxis? Der geringste Energieverbrauch pro Flugstrecke wird bei einer relativ *hohen* Geschwindigkeit erzielt.

Lachmöwe (*Larus ridibundus*): $G = 2{,}6$ N, $A = 0{,}085$ m^2, $b = 0{,}97$ m.

Silbermöwe (*Larus argentatus*): $G = 11$ N, $A = 0{,}21$ m^2, $b = 1{,}4$ m.

Vögel und Flugzeuge müssen also schnell fliegen, um die Energie gut auszunutzen. Wie würden sich die Autohersteller und erst recht viele Autofahrer freuen, wenn das bei Sportflitzern oder Lastwagen auch so wäre! Dann müßte man mindestens mit 120 km/h fahren, um Benzinverbrauch und Abgasemission pro 100 km zu minimieren, und die Brummifahrer würden vielleicht gar bestraft, wenn sie mit weniger als 90 km/h führen. – Wohin das auf unseren Straßen wohl führte?

Vergleichen wir einmal Tuckers Wellensittich (Abbildungen 5 bis 7) mit irgendeinem Landtier ähnlicher Größe. Der kleine Vogel hat eine Reisegeschwindigkeit von ca. 40 km/h. Damit ist er deutlich schneller als eine Maus oder ein Eichhörnchen. Wenn ein Kaninchen um sein Leben rennen muß, was ihm leider öfter passiert, dann ist es höchstens minutenlang so schnell, wie ein Wellensittich fliegt. Anders als die Landtiere sind die Vögel (und die Flugzeuge) um so effizienter, je schneller sie sind, natürlich innerhalb gewisser Grenzen.

Vögel und Flugzeuge unterscheiden sich also in der Energieausnutzung von den Landtieren und den Kraftfahrzeugen. Deswegen ist es wohl der Mühe wert, Diagramme wie in den Abbildungen 6 und 7 beispielsweise für Autos aufzustellen. Mit Hilfe der Angaben in den Automobiljahrbüchern ist es recht einfach, die Leistung gegen die Geschwindigkeit aufzutragen. Wir wissen aus Erfahrung, daß es teurer

wird, wenn wir schneller sein wollen als die anderen. Ein älterer
Fiat Panda ist mit einem 20-Kilowatt-Motor (20 kW entsprechen 27 PS)
für Landstraßen schnell genug; hier ist die Geschwindigkeit auf 100
km/h begrenzt. Will man beispielsweise 160 km/h fahren, dann muß
der Motor wenigstens 60 kW (bzw. 82 PS) haben. Und Geschwindigkeiten über 300 km/h erfordern eine Motorleistung von über 300
Kilowatt. Beispielsweise hat der Porsche 959 einen 331-kW-Motor und
eine Höchstgeschwindigkeit von 315 km/h. Ein Porsche 911 Turbo mit
221 kW erreicht rund 250 km/h.

Der Zusammenhang zwischen Motorleistung und erreichbarer Geschwindigkeit ist in Abbildung 8 doppelt-logarithmisch aufgetragen. Es
zeigt sich, daß die Motorleistung proportional zur dritten Potenz der
Maximalgeschwindigkeit ist: Will man 2mal so schnell fahren, dann
braucht man eine 8mal höhere Leistung. So können Porsche oder Ferrari
3mal so schnell fahren wie der kleine Panda, weil ihr Motor 27mal mehr
Leistung abgeben kann. Will man möglichst schnell reisen, dann sollte
man fliegen. Ein Sportflugzeug mit einem starken Porsche-Motor erreicht ohne weiteres 350 Stundenkilometer (und steckt auch seltener
im Stau).

Wir können noch einen Schritt weitergehen. Inzwischen kennen wir
die Leistung P als das Produkt von Widerstandskraft W und Geschwindigkeit v. Wie in Abbildung 7 für den Wellensittich können wir anhand
der Werte in Abbildung 8 den Zusammenhang zwischen W und v auch
für Autos ermitteln. Wir müssen dabei berücksichtigen, daß große Vögel
(oder Flugzeuge) mehr Energie benötigen als kleinere; für den Vergleich
des Energie- oder Leistungsbedarfs sind daher Exemplare mit ähnlicher
Größe heranzuziehen. Als Beispiel nehmen wir einen Lastwagen: Wichtig ist nicht der Spritverbrauch pro Kilometer, sondern der pro Tonnen-
Kilometer. Entsprechend sollte man für die Angabe des Energiever-
brauchs nicht die Widerstandskraft W selbst verwenden, sondern den
Widerstand auf das Gesamtgewicht G beziehen. Für die realen Kosten
des Transports ist zu berücksichtigen, daß die Nutzlast nur einen Teil
des Gesamtgewichts ausmacht.

Der Quotient W/G aus Widerstandskraft und gesamter Gewichtskraft läßt sich nun einfach berechnen, denn wir können die Widerstandskraft angeben als Energieverbrauch pro Meter oder auch als
Leistung, dividiert durch die Geschwindigkeit: $W = P/v$. Für den
Quotienten W/G schreiben wir daher

$$K = \frac{W}{G} = \frac{P}{Gv}. \qquad (6)$$

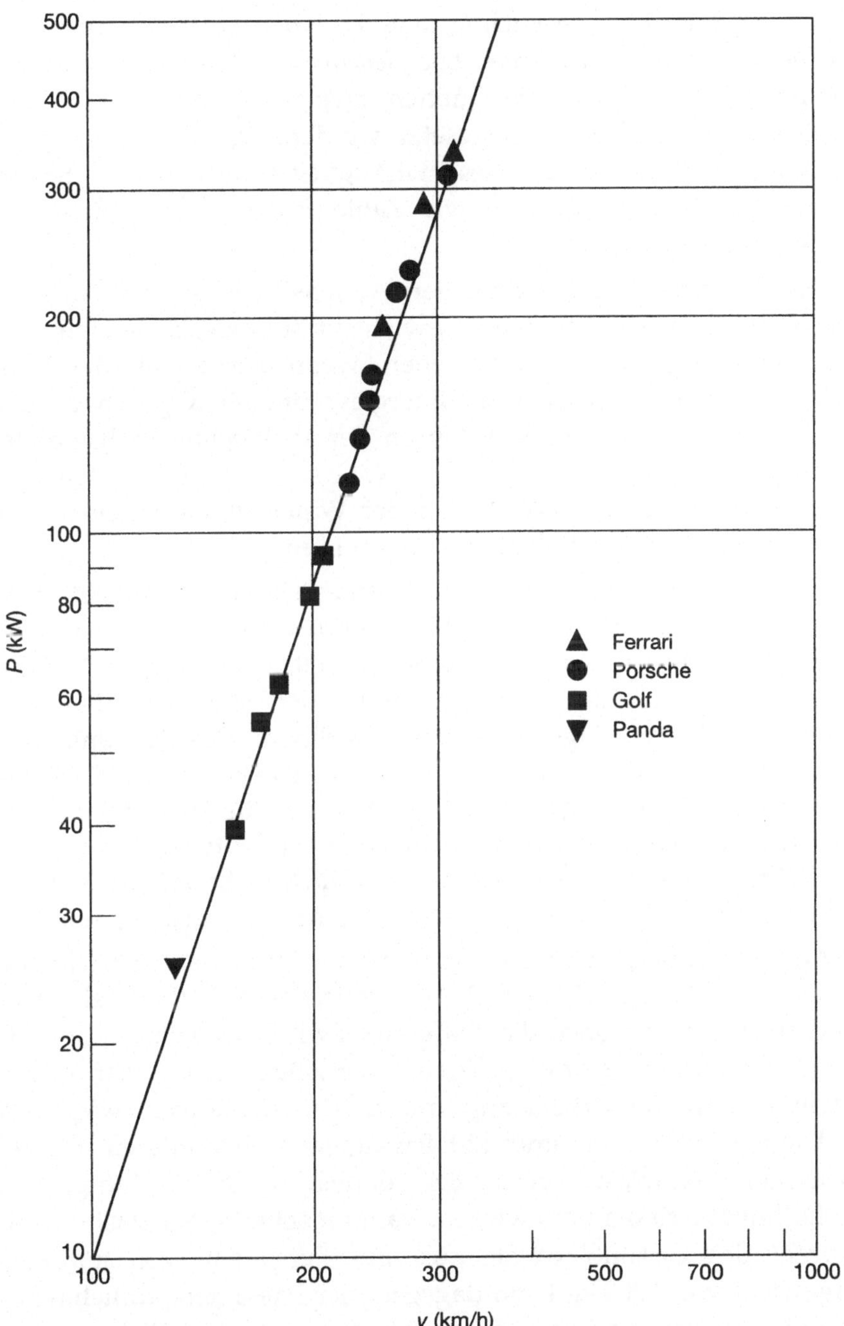

Abbildung 8: Hier ist für vier Autotypen die Motorleistung P doppelt-logarithmisch gegen die Maximalgeschwindigkeit v aufgetragen. Die Leistung ist proportional zur dritten Potenz der Höchstgeschwindigkeit: Will man doppelt so schnell fahren können, dann muß der Motor eine 8mal höhere Leistung abgeben.

Diese Größe K ist so wichtig, daß sie einen eigenen Namen trägt. Man nennt sie den *spezifischen Energieverbrauch*. Sie ist dimensionslos (eine reine Zahl), weil sie der Quotient zweier Kräfte ist. Diese können beispielsweise in Newton eingesetzt werden. Dann müssen wir die Leistung P in Watt und die Geschwindigkeit v in Meter pro Sekunde angeben. Andernfalls müßten wir Zahlenfaktoren zur Umrechnung berücksichtigen.

Die Werte für Tuckers geplagten Wellensittich gelten natürlich für seine im wesentlichen konstante Gewichtskraft von 0,35 Newton. Daher wird Abbildung 7 genauso aussehen, wenn wir anstatt der Widerstandskraft W den spezifischen Energieverbrauch K gegen v auftragen; es wird sich nur der Maßstab an der senkrechten Achse ändern. Die entsprechenden Werte für $K = W/G$ sind an der rechten Achse eingetragen. Der beste K-Wert, den der Wellensittich erzielte, betrug 0,22 bei einer Geschwindigkeit von knapp 11 m/s.

Auch für Autos können wir ein solches Diagramm aufstellen. Wir verwenden wieder die von den Herstellern angegebenen technischen Daten und addieren zur Fahrzeugmasse 200 kg für Fahrer, Beifahrer, Benzin und Gepäck. Damit können wir aus den Werten in Abbildung 8 unmittelbar die jeweiligen K-Werte errechnen. Das Ergebnis ist in Abbildung 9 gezeigt. In ihr ist auch eine Kurve für zwei Hochgeschwindigkeitszüge eingezeichnet, und zwar für den französischen TGV (*Train à Grande Vitesse*) und für einen Eurocity. Den Jumbo und den Wellensittich haben wir selbstverständlich nicht vergessen: Für sie gelten die beiden Punkte ganz rechts und ganz links im Diagramm.

Aus Abbildung 9 können wir manchen interessanten Sachverhalt ablesen. So scheinen Züge viel ökonomischer zu fahren als Autos. Berücksichtigen wir aber die Differenz zwischen Nutzlast und Gesamtgewicht, dann ist die Effizienz der Züge nicht mehr ganz so eindeutig. Ein Nahverkehrszug mit zwei Triebköpfen wiegt etwa 100 Tonnen und kann rund 120 Passagiere transportieren. Das entspricht einer Nutzlast von ca. 8,4 Tonnen, wenn die Fahrgäste im Durchschnitt 70 Kilogramm wiegen. Damit macht die Nutzlast nur rund 8 Prozent des Gesamtgewichts aus. Ein Personenwagen mit einem Leergewicht von 1000 kg kann dagegen vier Passagiere aufnehmen, so daß die Nutzlast rund 300 kg beträgt; das entspricht 23 Prozent des Gesamtgewichts, denn es ist $300/(300 + 1000) = 300/1300 = 0{,}23$. Damit ist die relative Nutzlast des Personenwagens 3mal so hoch wie die des Zuges. Fährt das vollbesetzte Auto mit 120 km/h, dann ist sein spezifischer Energieverbrauch ungefähr $K = W/G = 0{,}08$. Der des Zu-

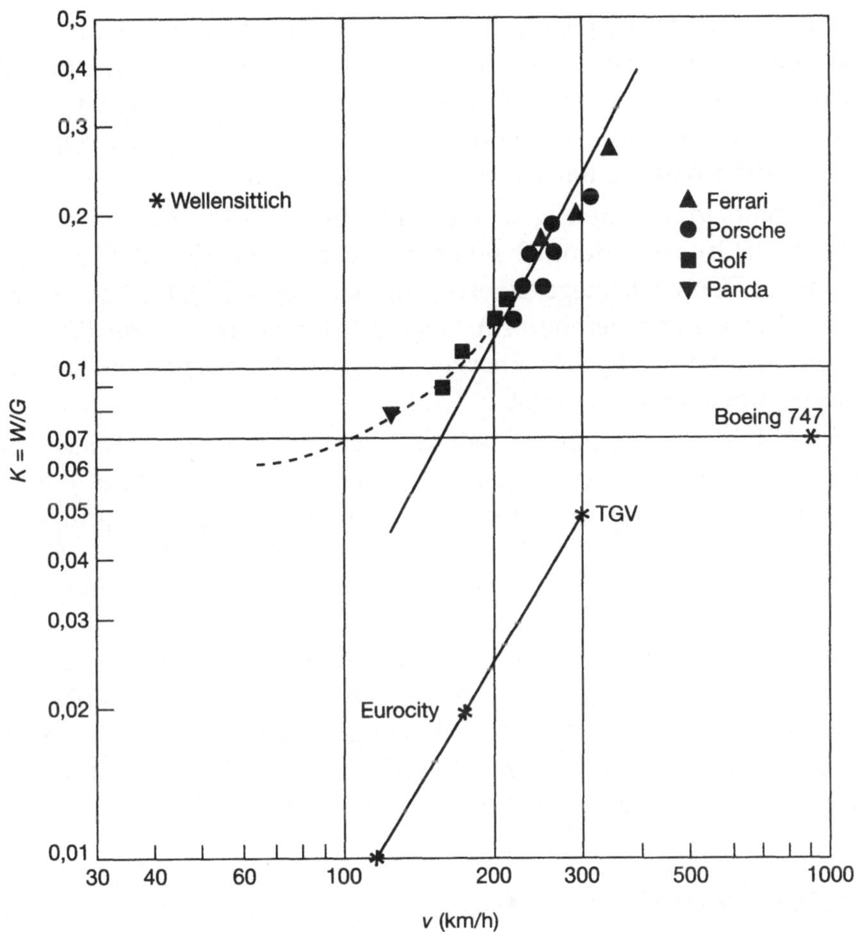

Abbildung 9: Der spezifische Energieverbrauch $K = W/G$ in Abhängigkeit von der Geschwindigkeit. Aufgenommen sind hier vier Autotypen, zwei Hochgeschwindigkeitszüge sowie der Wellensittich und der Jumbo (die Boeing 747).

ges beträgt 0,011. Setzen wir beim Zug wegen seines extrem hohen Leergewichts einen Zuschlag an, dann liegt sein korrigierter spezifischer Energieverbrauch bei rund 0,033 und ist damit etwa halb so hoch wie beim Auto.

Diese Werte entsprechen dem relativen Energieverbrauch pro Passagier-Kilometer. Wir müssen uns nur zwei Näherungswerte merken: Ein Zug benötigt pro Passagier-Kilometer 1 Megajoule an Energie und ein Personenwagen doppelt soviel. Das bedeutet andererseits, daß ein vollbesetztes Auto ebenso effizient ist wie ein halbleerer Zug! Weil der Unterschied zwischen Zug und Auto nicht so kraß ist, wie oft behauptet wird, verkauft beispielsweise die niederländische Eisenbahngesellschaft verbilligte Taxifahrscheine an ihre Passagiere. So können die Passagiere den letzten Teil ihrer Fahrt für ein paar Mark in einem neuen Mercedes zurücklegen. Die Kombination von Pendlerzügen mit Taxis erscheint merkwürdig, hat aber durchaus ihren Sinn.

Wir sind inzwischen weit abgeschweift von den Vögeln und den Flugzeugen. In Abbildung 9 sehen wir die Daten des Wellensittichs links oben. Demnach fliegt er relativ unökonomisch. Allerdings fliegen Wellensittiche nicht gerade sehr elegant. Möwen haben mit 0,1 einen viel geringeren spezifischen Energieverbrauch. Verglichen mit dem der Autos ist dieser Wert recht gut.

In Abbildung 9 erkennen wir die bemerkenswerte Tatsache, daß Fliegen im Verhältnis eher billiger als teurer wird, je höher die Geschwindigkeit ist. Der Jumbo und andere Düsenflugzeuge bringen es auf einen spezifischen Energieverbrauch von 0,07 bei 900 km/h. Ziehen wir in Abbildung 9 eine gerade Linie vom Wellensittich zum Jumbo, dann schneidet sie die Gerade für die Autos bei etwa 200 km/h. Unterhalb dieser Geschwindigkeit ist also die Rollbewegung besser und oberhalb die Flugbewegung. Anders gesagt: Über 200 km/h sind Flügel effizienter. Die meisten Fahrzeuge benötigen mehr Leistung, wenn sie schneller fahren, während ein gut konstruiertes Flugzeug ohne nennenswerten Mehrverbrauch schnell fliegen kann.

Ernährung und Treibstoff

Wir haben uns noch nicht um den Unterschied zwischen Treibstoffverbrauch und Energiebedarf gekümmert. Das holen wir jetzt nach. Die Verwertung (im Prinzip die Verbrennung) je eines Kilogramms verschiedener Lebensmittel liefert dem menschlichen oder tierischen Körper unterschiedlich viel Energie. Ebenso variieren die beim Verbrennen je eines Kilogramms der einzelnen Brennstoffe erzielbaren Energiemengen. Außerdem sind die Prozesse der Energieumwandlung nicht alle gleich effizient. So hat eine Dampflokomotive einen Wirkungsgrad von nur 5 Prozent. Von jeweils 20 Kilojoule (kJ), die beim Verbrennen der Kohle frei werden, ist daher nur 1 kJ als mechanische Arbeit zum Antrieb der Räder nutzbar. Der Rest löst sich sozusagen in Rauch auf; genauer gesagt, erwärmt er die Umgebung. Das ist prinzipiell unvermeidbar.

Ein Benzinmotor ist da schon besser, denn sein Wirkungsgrad liegt bei durchschnittlich 25 Prozent. Hier sind immer noch drei von vier

Graugans (*Anser anser*): $G = 31$ N, $A = 0,27$ m^2, $b = 1,63$ m.

Kilojoule nicht nutzbar. Der größte Teil des Verlustes besteht in Wärme, die über den Kühler und den Auspuff abgeführt wird. Das eine (der ursprünglich vier) Kilojoule treibt das Auto vorwärts. Mit einem Wirkungsgrad von rund 30 Prozent ist der Dieselmotor etwas günstiger als der Benzinmotor. Die Verbrennungswärme von Kohle, Erdöl oder Erdgas wird in den Elektrizitätswerken zu rund 35 Prozent in elektrische Energie umgewandelt. Und der Organismus von Tier oder Mensch kann ungefähr 25 Prozent der in der Nahrung enthaltenen chemischen Energie nutzbar machen.

Nehmen wir an, in einem Kraftwerk wird Erdgas verbrannt, dessen Brennwert 36 Megajoule (MJ) pro Kubikmeter beträgt. Das Erdgas kostet pro Kubikmeter rund 0,30 DM (der Endverbraucher muß ca. 0,40 DM berappen). Für ein Megajoule muß im Kraftwerk also Gas für gut einen Pfennig verbrannt werden. Weil nur ein Drittel der Energie nutzbar zu machen ist, erfordert ein Megajoule elektrische Energie eine Erdgasmenge, die gut 3 Pfennig kostet. Unsere Stromzähler sind in Kilowattstunden (kWh) geeicht. Eine Kilowattstunde entspricht 3,6 Megajoule. Damit die Elektrizitätsgesellschaften auf ihre Kosten kommen, müssen sie – grob gerechnet – eine Kilowattstunde für mindestens 10 Pfennig verkaufen. So wird für manche Billigtarife kalkuliert. Wenn die Investitionskosten zu den Zeiten mit den teureren Tarifen erwirtschaftet werden, müssen nachts im Prinzip nur die Brennstoff- und Personalkosten erlöst werden.

Ein Megajoule entspricht 0,28 Kilowattstunden. Mit dieser eigentlich etwas „krummen" Einheit sind wir aber recht vertraut, so daß wir mit ihr weiterrechnen wollen. Das Erhitzen einer Portion Lasagne in einem Mikrowellenherd mit 700 W Leistung dauert 5 Minuten, und die nötige Energiemenge beträgt 0,06 kWh. Sie kostet etwa 1,5 Pfennig bei einem Kilowattstunden-Preis am Tage von 25 Pfennig. – Und die Leistung unseres eigenen Körpers? Eine Stunde Gartenarbeit erfordert rund eine halbes Megajoule, wenn man nicht gerade lahm zu Werke geht. Das sind 500 000 Joule in 3 600 Sekunden; wir dividieren die Energie durch die Zeit und erhalten die Leistung zu 140 Watt.

Wer auf sein Körpergewicht achten muß oder will, der kennt die Nährwertangaben auf den Lebensmittelpackungen. So liefert ein Kilogramm Butter rund 32 000 Kilojoule bzw. 7 600 Kilokalorien. Auch wenn man im Alltag zuweilen „Kalorien" sagt – es sind leider Kilokalorien! Eine Kilokalorie entspricht 4,18 Kilojoule; vgl. Tabelle 2. Und wieviel Butter muß man essen, um eine Brutto-Energiemenge von einem Megajoule aufzunehmen? Ein Kilogramm liefert, wie gesagt, 32 000 Kilojoule. Also ergibt $^1/_{32}$ Kilogramm = 31,3 Gramm eine Energie von einem Megajoule. 31 Gramm Butter reichen für den Aufstrich von drei großen Stullen und kosten rund 27 Pfennig. Damit ist „Butter-Energie" viel teurer als elektrische Energie. Wir hatten vorhin berechnet, daß Eisenbahnzüge rund ein Megajoule pro Passagier-Kilometer brauchen. Nur so zum Spaß, und ohne die möglichen Probleme zu bedenken: Was müßte ein Kilometer Eisenbahnfahrt mindestens kosten, wenn die Dampfloks mit Butter betrieben würden?

Auf dem Milchkarton, den Sie im Laden kaufen, ist ebenfalls der Nährwert angegeben. Ein Liter (knapp ein Kilogramm) Milch kostet rund 1,50 DM und liefert 640 Kilokalorien bzw. 2 670 Kilojoule = 2,67 Megajoule. Damit kostet ein Megajoule „Milch-Energie" 56 Pfennig. Beim Erdgas hatten wir einen theoretischen Megajoule-Preis von gut 1 Pfennig errechnet. Sollten wir nun verflüssigtes Methan anstatt Milch trinken? Gutes Rindfleisch für Steaks ergibt pro Kilogramm ungefähr 4 Megajoule, zu einem Preis von rund 40 DM. Also kostet hier ein Megajoule sozusagen 10 DM. Köstlich – aber diese Energie ist doch arg teuer! Selbst beim billigen Suppenfleisch müssen wir noch 2,50 DM pro Megajoule bezahlen.

Wenn Sie weiter mit solchen Rechnereien spielen wollen, können Sie Tabelle 3 zu Rate ziehen. Sie werden sich wundern, wie teuer der „Betrieb" Ihres Körpers ist! Die billigste Energie erhält man beim Verbrennen von Erdgas, Diesel oder Benzin. Ein Liter Benzin kostet an der Tankstelle rund 1,60 DM. (Davon entfallen mehr als zwei Drittel auf den Steueranteil.) Wegen der relativen Dichte 0,75 hat ein Kilogramm Benzin ein Volumen von 1,33 Liter. Diese Menge kostet 2,13 DM und ergibt beim Verbrennen ca. 42 Megajoule. Damit kostet ein Megajoule 5 Pfennig. Kerosin und Diesel haben fast denselben Brennwert, jedoch ist Kerosin (Flugzeugtreibstoff) in Deutschland wegen der niedrigeren Steuer deutlich billiger als das in Tabelle 3 aufgeführte Diesel.

Unter den Nahrungsmitteln sind pflanzliche Öle die billigste Energiequelle. Allerdings kann man davon nicht viel zu sich nehmen, ohne sich Sodbrennen oder Schlimmeres einzuhandeln. Das Megajoule ist bei Butter und Käse zwar teurer, aber dafür schmeckt es besser.

Wieviel Nahrung braucht ein Zugvogel eigentlich, um im Herbst die weite Reise in den Süden zu überstehen? Der Höckerschwan, der größte europäische Schwan, fliegt über längere Zeit ungefähr 24 m/s bzw. 86 km/h schnell. Er wiegt 10 Kilogramm, von denen 2 Kilogramm auf seine Flugmuskeln entfallen. Diese können pro Kilogramm Muskelmasse eine Leistung von ca. 100 Watt abgeben. Also liefern die Muskeln während des Fluges 200 Watt. Weil die Energie in der Nahrung nur zu einem Viertel in mechanische Arbeit umzusetzen ist, muß der Höckerschwan für jede Sekunde des Fluges Nahrung mit einem

Tabelle 3: Die physiologischen Brennwerte verschiedener Lebensmittel und der entsprechende „Energiepreis", gerundet nach deutschen Preisen von 1996. Zum Vergleich sind auch drei Brennstoffe aufgeführt.

	MJ/kg	DM/kg	DM/MJ	Bemerkungen
Rinderfilet	4,0	40,–	10,–	
Suppenfleisch	4,0	10,–	2,50	
Vollmilch	2,8	1,50	0,54	
Honig	14	10,–	0,71	
Zucker	15	1,70	0,11	3,7 kcal/g
Käse	15	20,–	1,33	
Schinken	29	28,–	0,97	
Cornflakes	15	12,–	0,80	3,7 kcal/g
Butter	32	8,–	0,25	7,6 kcal/g
Pflanzenöl	36	3,–	0,08	8,6 kcal/g
Diesel	42	1,50	0,04	0,85 kg/Liter
Benzin	42	2,13	0,05	0,75 kg/Liter
Erdgas	45	0,50	0,01	0,8 kg/m^3

Brennwert von 800 Joule aufnehmen (denn 800 Watt sind 800 Joule pro Sekunde). Er fliegt in einer Sekunde 24 Meter weit, benötigt also 800/24 = 33 Joule pro Meter bzw. 33 Kilojoule pro Kilometer. Diese Energie wird von den Fettreserven bereitgestellt, die sich der Vogel vor der Reise angefressen hat.

Während eines langen Fluges verarbeiten die Flugmuskeln der Vögel das Fett direkt. Dagegen können menschliche Muskeln nur bestimmte Zuckerarten verwerten; der Zucker wird hier zuvor in der Leber aus dem Fett gebildet, wenn die Reserven benötigt werden. Weil Fliegen meistens harte Arbeit ist, müssen die entsprechenden Umsetzungen im Organismus der Vögel schnell geschehen. Deshalb wird in ihren Muskeln – anders als beim Menschen – unmittelbar das Fett verwertet. Außerdem ist der Nährwert von Fett doppelt so hoch wie der derselben Menge Zucker; siehe Tabelle 3. Darum ist es für den Körper energetisch günstiger, den Energievorrat in Form von Fett anstatt von Zucker anzulegen.

Wie immer, gibt es auch hier Ausnahmen. Kolibris ernähren sich von Honig oder Zuckerwasser; manche Langstreckenläufer können ihren Organismus von der Zucker- auf die Fettverwertung umstellen. Dieser Prozeß bringt allerdings sehr quälende physiologische Veränderungen mit sich. Die meisten Insekten verdauen Nektar bzw. Zucker (denken Sie nur an die Honigbiene), und auch bei den Hühnern sowie dem Federwild beziehen die Muskeln ihre Energie aus Zucker.

Schneegans (*Chen hyperborea*): $G = 34\,\text{N}$, $A = 0{,}27\,\text{m}^2$, $b = 1{,}6\,\text{m}$.

Diese Vogelarten können aber keine langen Strecken fliegen. Einige Schmetterlinge speichern Fettreserven in ihrem Unterleib.

Der Nährwert von Vogelfett ist mit dem der Butter vergleichbar: rund 30 Megajoule pro Kilogramm bzw. 30 Kilojoule pro Gramm. Weil der erwähnte Höckerschwan pro Kilometer Flugstrecke 33 Kilojoule benötigt, verbraucht er pro Kilometer 1,1 Gramm von seinen Fettreserven. Nach 12stündigem Flug mit 86 km/h hat er über 1000 Kilometer zurückgelegt und knapp 1,2 Kilogramm Körpergewicht verloren. Dabei ist nur die Tätigkeit der Flugmuskeln berücksichtigt, und die übrigen Körperfunktionen wurden außer acht gelassen. Offensichtlich würde eine kleinere Mahlzeit dem Schwan nach solch einem anstrengenden Flugtag nicht viel nutzen. Dieselben Überlegungen gelten übrigens für Brieftauben, die nach langem Flug heimkehren. Sie sind nicht nur

Nashornpelikan (*Pelecanus erythrorhynchos*): $G = 60\,\text{N}$, $A = 1\,\text{m}^2$, $b = 2{,}8\,\text{m}$.

todmüde, sondern zudem ausgehungert. Auch deshalb sind Schutzge-
biete für Zugvögel wichtig. Die Tiere müssen Zeit und Ruhe haben, sich
ihren Energievorrat anzufressen, bevor sie ihre Reise über Kontinente
hinweg antreten.

Es ist jetzt an der Zeit, eine Zwischenbilanz zu ziehen. Wir haben in
Kapitel 2 einen Eindruck davon erhalten, wie hoch der Energiebedarf
ist, um in der Luft zu bleiben. Diese Informationen haben wir mit den
Daten aus Kapitel 1 (also Flügeloberfläche, Flügelbelastung und Fluggeschwindigkeit) zusammengeführt und ein wenig gerechnet, um ein
Gefühl für die Größen zu bekommen. Im folgenden Kapitel werden wir
unsere neuen Kenntnisse auf die Praxis des Fliegens anwenden.

Doch damit nicht genug. Vögel und Flugzeuge verbrauchen um so
mehr Energie, je langsamer sie fliegen. Das ist bei keiner anderen Fortbewegungsart der Fall. Daß die aufzubringende Leistung mit ab-
nehmender Geschwindigkeit zunimmt, ist so interessant und hat so
weitreichende Konsequenzen für den Entwurf von Flugzeugen, daß wir
darauf in Kapitel 4 gesondert eingehen werden. Hier sei nur ein Aspekt vorweggenommen: Der hohe Luftwiderstand bei geringeren Geschwindigkeiten liegt daran, daß Vögel mit ihren Flügeln fortwährend
Luft nach unten bewegen müssen, um oben zu bleiben. Bei langsamem
Flug kann ein Vogel pro Sekunde mit einem Flügelschlag nur wenig
Luft nach unten drücken. Um sein Gewicht dennoch in der Luft zu
halten, muß die Luft einen kräftigen Stoß bekommen – und eben das
kostet viel Energie. Fliegt der Vogel schneller, dann strömt mehr Luft
um seine Flügel, und er braucht diese nur wenig zu bewegen, um in
derselben Zeit die gleiche Menge Luft nach unten zu drücken. Deshalb
benötigt er eine geringere Leistung. Hier ist Schnelligkeit also vorteilhaft, und die Kunst liegt darin, den Vorteil so gut wie möglich
auszunützen. Das wird das zentrale Thema von Kapitel 4 sein. Doch
zuerst zur Praxis.

3   In Wind und Wetter

Den täglichen KLM-Flug, der um 18 Uhr von London-Heathrow nach Amsterdam-Schiphol startet, kann man mit einem Pendlerzug nahe einer Großstadt vergleichen, in dem man stets dieselben Leute trifft. Die Passagiere unterhalten sich oder scherzen mit den geduldigen Flugbegleitern. Vor ein paar Jahren nahm auch ich diese Maschine. Nach einer anstrengenden Tagung über mittelfristige Wettervorhersagen war ich müde und döste in meinem Sitz. Zuerst nahm ich die Stimme des Flugkapitäns kaum wahr, wurde dann aber doch aufmerksam: „Meine Damen und Herren, hier spricht der Kapitän. Wie Sie vielleicht wissen, dauert dieser Flug normalerweise rund 45 Minuten. Heute haben wir aber Rückenwind mit 145 Knoten, das sind 270 Kilometer pro Stunde. Ich habe einen so heftigen Rückenwind selten erlebt. Wegen der Turbulenzen wird es während des Fluges ziemlich unsanft zugehen, aber zum Ausgleich dafür werden wir 10 Minuten weniger als sonst in der Luft sein." (Eine Geschwindigkeit von einem Knoten entspricht einer nautischen Meile bzw. 1,84 Kilometer pro Stunde.)

Das Flugzeug befand sich also in einer Weströmung, einem sogenannten Jetstream in der Stratosphäre. Relativ zur Luft flogen wir mit 800 km/h, aber die Grundgeschwindigkeit betrug 1 070 km/h. Dies ist die Geschwindigkeit relativ zum Grund, d. h. zum Erdboden.

Beim Fliegen muß der Pilot stets den Wind berücksichtigen. Versäumt er das, kann er zuweilen Überraschungen erleben. Es ist praktisch und spart Treibstoff, wenn Rückenwind herrscht. Aber bei Gegenwind muß der Pilot auf der Hut sein, denn das Flugzeug wird gebremst, so daß sich die Grundgeschwindigkeit verringert. Das wiederum setzt die Reichweite mehr oder weniger stark herab, weil vor dem Start nur eine bestimmte Treibstoffmenge getankt werden kann.

Diesen Effekt bekamen auch einige amerikanische Bomberpiloten im Zweiten Weltkrieg zu spüren. Sie gerieten auf den Flügen von den Stützpunkten Saipan und Tinian (nördlich von Guam) nach Japan häufig in Gegenwind, der stärker als vorausgesagt war. Oft mußten sich die Besatzungen zur Umkehr entschließen, bevor sie ihr Ziel erreicht hatten. Es wird folgende Geschichte von einem B-29-Bomber erzählt: An einem Tag mit besonders heftigen Luftströmungen war die Geschwindigkeit des Gegenwinds zeitweise höher als die Fluggeschwindigkeit. Trotz Vollgas bewegte sich das Flugzeug dabei relativ zum Boden sogar

Tölpel (*Sula bassana*): $G = 30$ N, $A = 0,26$ m², $b = 1,85$ m.

rückwärts, anstatt voranzukommen. Als der Treibstoff zur Hälfte verbraucht und das Ziel immer noch fern war, kehrte die Besatzung um und ließ die Bomben ins Meer fallen, um das Flugzeuggewicht zu verringern und den Treibstoffverbrauch zu senken. Auf dem Rückflug herrschte natürlich Rückenwind, so daß der Flug jetzt viel schneller als vorher verlief.

Die Höhenwinde beeinflussen auch die Flugpläne. So dauert der Flug von Frankfurt nach Los Angeles durchschnittlich eine Stunde länger als der Rückflug. In Höhen um 10 km und darüber herrschen in diesen Breiten meist heftige Westströmungen. Sie entstehen durch das Zusammenwirken der Erdrotation und des Temperaturunterschieds zwischen Polar- und Tropengebieten. In der normalen Reisehöhe von Verkehrsflugzeugen ist der Wind im Durchschnitt etwa 48 km/h schnell. Während des 10stündigen Fluges auf der erwähnten Route wird das Flugzeug durch den Wind um rund 480 Kilometer „zurückgeschoben". Wenn es relativ zur Luft mit ca. 900 km/h fliegt, dauert der Flug durch den Gegenwind gut 30 Minuten länger. In der Gegenrichtung wird die Flugdauer entsprechend kürzer sein. Dadurch kommt der eben erwähnte Unterschied von rund einer Stunde zustande.

Die Zusammenarbeit von Meteorologen und Piloten sowie Fluglotsen nutzt allen Beteiligten: Das Flugpersonal trägt zur Wetterbeobachtung bei und wird seinerseits von den Wetterstationen mit Vorhersagen versorgt. Mit Hilfe eines ausgedehnten Netzes von Meß-

Weißstorch (*Ciconia alba*): $G = 30$ N, $A = 0{,}49$ m^2, $b = 1{,}9$ m.

stationen und Computern sind heute sehr exakte Voraussagen möglich, auch über die Windgeschwindigkeiten und -richtungen. Das erlaubt eine tägliche Anpassung der Flugrouten an die Wetterbedingungen, so daß stets die günstigste Strecke gewählt werden kann. Vor allem Flüge in Richtung Westen werden oft umgelenkt, um die stärksten erwarteten Strömungen zu umgehen. Die Flüge nach Osten werden dagegen meist durch die Westwinde geführt, solange die Turbulenzen nicht zu heftig sind. Die erwähnten Maßnahmen helfen, Zeit und Treibstoff zu sparen. In den überfüllten Lufträumen über Europa und Nordamerika müssen allerdings die vereinbarten Streckenführungen aus Sicherheitsgründen eingehalten werden, und nur über dem offenen Meer hat man einen gewissen Spielraum.

Je langsamer ein Flugzeug ist, desto stärker wird es vom Wind beeinflußt. Die großen Propellerflugzeuge der 50er Jahre – die Douglas DC-7 und die Lockheed Constellation – flogen mit rund 480 km/h. Sie mußten auf dem Flug von Europa nach Nordamerika in Gander auf Neufundland zum Auftanken zwischenlanden, wenn sie über dem Atlantik in Gegenwind geraten waren. Heute sind die Reisegeschwindigkeiten doppelt so hoch, und das Auftanken ist längst Vergangenheit.

Was für Flugzeuge gilt, trifft auch auf Vögel zu. Diese sind aber erheblich kleiner und fliegen viel langsamer (siehe Kapitel 1). Deshalb sind sie von widrigem Wetter viel stärker abhängig. Nahe der Erdoberfläche herrschen normalerweise Windgeschwindigkeiten zwischen 5 und 10 m/s bzw. zwischen 18 und 36 km/h. Wenn ein Vogel in sein Nest zurückkehren will, dann muß er notfalls schneller als mit 36 km/h fliegen können. Die Flächenbelastung der Flügel sollte zwischen 10 und 100 Newton pro Quadratmeter liegen; siehe Abbildung 2. Die allermeisten Vögel wiegen zwischen 10 Gramm und 10 Kilogramm, so daß die Flächenbelastung im genannten Bereich liegt. Die senkrechte Gerade in der Mitte der Abbildung 2 ist aus gutem Grunde eingezeichnet: Vögel, die schneller als 10 m/s sind, verfügen über genug Reserven, wenn starker Wind aufkommt. Die anderen haben Pech und müssen rechtzeitig ins Nest zurückkehren oder irgendwo auf das Nachlassen des Windes warten.

Es gibt durchaus Windstärken, gegen die kein Vogel ankommt. Wie wir in Tabelle 4 sehen, ist es kleineren Vögeln schon bei mäßigem Wind unmöglich, dagegen anzufliegen, während die größeren Vögel höheren Windgeschwindigkeiten Paroli bieten können. Die Sturmschwalbe erhielt ihren Namen, weil sie bei nahendem Sturm derjenige Seevogel

Tabelle 4: Die Windstärken nach der Beaufort-Skala. In der rechten Spalte sind Insekten, Vögel und auch Fluggeräte mit Fluggeschwindigkeiten angegeben, die der jeweiligen Windgeschwindigkeit entsprechen. Beachten Sie, daß diese nicht linear, sondern logarithmisch mit dem Beaufort-Grad ansteigt.

m/s	Beaufort-Grad		entsprechende Fluggeschwindigkeit
0,3 – 1,5	1	leiser Zug	Schmetterlinge
1,6 – 3,3	2	leichte Brise	Stechmücken, Mücken, Libellen
3,4 – 5,4	3	schwache Brise	muskelgetriebene Fluggeräte, Fliegen, Libellen
5,5 – 7,9	4	mäßige Brise	Bienen, Wespen, Käfer, Kolibris, Schwalben
8,0 – 10,7	5	frische Brise	Sperlinge, Drosseln, Eulen, Finken, Bussarde
10,8 – 13,8	6	starker Wind	Amseln, Krähen
13,9 – 17,1	7	steifer Wind	Möwen, Falken
17,2 – 20,7	8	stürmischer Wind	Enten, Gänse
20,8 – 24,4	9	Sturm	Schwäne, Wasserhühner
24,5 – 28,4	10	schwerer Sturm	Segelflugzeuge
28,5 – 32,6	11	orkanartiger Sturm	Leichtflugzeuge
> 32,6	12	Orkan	

ist, der als erster an Land fliegt. Daher ist ihr Auftauchen über dem Land ein frühes Warnzeichen. Kleine Vögel haben geringe Flächenbelastungen ihrer Flügel. Sie erreichen nur geringe Geschwindigkeiten relativ zur Luft und müssen – wie schon gesagt – bei zunehmendem Wind als erste aufhören, herumzufliegen. Die größeren können sich das noch länger erlauben. Die kleinsten Vögel wie Zaunkönig oder Goldhähnchen meiden große Ebenen oder Meeresküsten. Ihr Lebensraum ist der Wald, in dem sie durch Bäume und Sträucher vor heftigen Winden geschützt sind.

Die Insekten sind so winzig, daß sie dem Wind weitgehend ausgeliefert sind. Manche Arten müssen sogar das Nachlassen des Windes bei Sonnenuntergang abwarten, um überhaupt fliegen zu können. Bevor die Stechmücken am frühen Abend um uns herumschwirren und sich an unserem Blut laben können, müssen sie probieren, ob sie das wagen dürfen. Wir können die in Abbildung 2 aufgeführten Insekten nach der Flächenbelastung ihrer Flügel in zwei Gruppen aufteilen. Käfer, Fliegen, Bienen und Wespen haben eine große Flächenbelastung, während Schmetterlinge und Libellen eine geringe haben. Also können Honigbienen auch von einem weit entfernten Rapsfeld ohne weiteres in den Stock zurückkehren, nachdem sie Nektar und Pollen aufgenommen haben. Dagegen müssen Schmetterlinge damit rechnen, vom Wind weggeblasen zu werden, und Libellen bleiben bei windigem Wetter am besten gleich ganz sitzen. Trotzdem kommt es zuweilen zu „Unfällen"; es wurden sogar schon Heuschrecken aus der Sahara bis nach England geweht.

Schwalbenschwanz (*Papilio machaon*): $G = 0{,}006$ N, $A = 0{,}003$ m^2, $b = 0{,}08$ m.

Zwischen Meeresklima und Kontinentalklima bestehen große Unterschiede. Meeresvögel leben in einer windigen Umgebung und sind ziemlich groß. Im Gegensatz zu kleinen Vögeln haben große, wie wir wissen, höhere Flächenbelastungen und Fluggeschwindigkeiten und kommen daher mit den heftigen Winden am Meer gut zurecht. Außerdem haben Meeresvögel oft enorme Entfernungen zurückzulegen. Dazu muß ihr Energieverbrauch pro Flugstrecke möglichst gering sein. Die schmalen, langen Flügel erfüllen diese Bedingung ausgezeichnet; wir werden in Kapitel 4 näher darauf eingehen.

Die verschiedenen Möwenarten sowie Seeschwalben und Albatrosse haben viel schmalere Flügel als beispielsweise Geier, Kondore und Adler. Diese Raubvögel fliegen keine großen Strecken, sondern kreisen in der Luft und nutzen dabei auch die Thermik (aufsteigende Warmluft), so daß die Flugstrecke den Energieaufwand kaum beeinflußt. Die breiten Flügel dieser Landvögel erlauben ein Fliegen, bei dem der Energieverbrauch pro Zeit minimal ist. Dabei sind Flächenbelastung und Fluggeschwindigkeit relativ gering. Nicht von ungefähr hat der Steinadler gewaltige Schwingen.

Die Kunst des Gleitens

Fliegen ist ein mühsames Geschäft. Manche Vogelarten können aber ohne viel Flügelschlagen in der Luft bleiben. Der Trick besteht darin, ausreichend starke Aufwärtsbewegungen der Luft zu finden und sie auszunutzen. Normalerweise verliert ein Vogel an Höhe, wenn er nicht mit den Flügeln schlägt. Während der Abwärtsbewegung liefert die Erdanziehung die Energie zum Aufrechterhalten der Fluggeschwindigkeit. Wenn die Geschwindigkeit, mit der die Luft den Vogel nach oben drückt, gleich der Geschwindigkeit ist, mit der er sinkt, dann kann er beliebig lange oben bleiben. Ist die Aufwärtsströmung schneller, dann läßt er sich emportragen. In der Luft zu bleiben, ohne Energie einzusetzen: Das ist die Kunst des Gleitens.

Es gibt verschiedene Methoden des Gleitflugs. Die eine wird von den Silbermöwen praktiziert, wenn sie einer Fähre oder einem Kreuzfahrtschiff aus dem Hafen folgen. Sie fliegen auf der Windseite (Luv) des Schiffes, wo die Luft an der Schiffsflanke und den Aufbauten nach oben abgelenkt wird. Die Möwen müssen nur ihre Flügel richtig in den

Graureiher (*Ardea cinerea*): $G = 14\,\mathrm{N}$, $A = 0{,}36\,\mathrm{m}^2$, $b = 1{,}70\,\mathrm{m}$.

Wind stellen. Wird der Wind stärker, falten sie die Flügel ein wenig zusammen. Verlieren sie an Höhe, so breiten sie die Schwingen stärker aus. Wenn eine Möwe zu schnell wird, streckt sie einfach die Füße ein bißchen weiter aus. Füße mit Schwimmhäuten sind in der Luft sehr wirksame Bremsen. Jeder Segelflieger weiß, wie wichtig das kurzzeitige Erhöhen des Luftwiderstands ist, wenn das Flugzeug zu schnell oder zu hoch fliegt. Möwen können wie an den Schiffen auch an langgestreckten Dünen oder Abhängen entlanggleiten; siehe Abbildung 10. Allerdings muß der Wind recht heftig sein, weil die Aufwärtsgeschwindigkeit am Hang proportional zur Windgeschwindigkeit ist. Außerdem sollte der Wind quer auf den Hang treffen, da die Luftströmung bei zu schrägem Einfall nicht stark genug nach oben abgelenkt wird.

Unter günstigen Bedingungen können Möwen und Seeschwalben sehr lange ohne Flügelschlagen vom Schiff weg und wieder zu ihm hin schweben. Sie haben sozusagen einen Freiflug – und was für einen! Auf dem Lande, vor allem an Hängen und Deichen, vollbringen manche Vögel ähnliches, beispielsweise Falken und Weihen sowie einige Bussard-Arten. Auch Sportflieger nutzen mit Hanggleitern oder Segelflugzeugen die Aufwinde. Die Hanggleiter haben eine Sinkgeschwindigkeit von über 2 Meter pro Sekunde; daher brauchen sie eine steife Brise, um an Hängen oder Klippen entlangzugleiten.

Das Gleiten an Abhängen ist eine hervorragende Methode zum Zurücklegen großer Entfernungen. Die Segelflieger erzielen ihre Streckenrekorde, wenn starke Winde quer an lange Bergketten wehen. Bestens geeignet für Rekordversuche sind die in Südwestrichtung verlaufenden Appalachen im Osten der USA. Wenn Nordweststürme auf den rund 1000 km langen Teil dieser Gebirgskette zwischen Elmira

Abbildung 10: Das Gleiten an einer Schiffsflanke oder einer Düne, auf die der Wind seitlich auftrifft.

Turmfalke (*Falco tinnunculus*): $G = 2{,}2$ N, $A = 0{,}07$ m^2, $b = 0{,}75$ m.

im US-Staat New York und Tennessee treffen, entstehen hinter der jeweiligen Kaltfront heftige Aufwinde. Dann färbt sich der Himmel dunkelblau, die Kumuluswolken türmen sich auf, und die Piloten werden ungeduldig: Elmira ist das „Mekka" der Segelflieger.

Die zweite Art des Gleitens profitiert von der Thermik. Allerdings ist hier ein Haken an der Sache, denn Thermiken treten nicht überall auf. Bevor Sie nicht die erste Thermik gefunden haben, wird es nichts mit der Flugreise. In der ersten Thermik gewinnen Sie an Höhe, indem Sie Ihr Segelflugzeug in der warmen, hochsteigenden Luftsäule emporschrauben. Sind Sie hoch genug, dann lenken Sie das Flugzeug in Richtung auf Ihr Ziel. Jetzt gleiten Sie dahin und hoffen, daß Sie die nächste Thermik finden und erreichen, bevor Sie zuviel Höhe verloren haben. So wird das herrliche, sanfte Gleiten immer wieder unterbrochen durch das Hochklettern an Wendeltreppen aus warmer Luft.

Diese Art von Gleiten ist nur am Tage möglich, weil die thermische Aufwärtsbewegung der Luft davon abhängt, daß die Sonne die Erde erwärmt. Das können wir auch bei Bussarden oder anderen Vögeln beobachten, die auf der Suche nach Beute in der Luft gleiten. Während die Sonne morgens hochsteigt, prüfen sie immer wieder, wie stark die Wärmebewegung der Luft ist. Sie breiten die Flügel aus und versuchen, Auftrieb zu erhalten. Wenn sie nicht hoch genug kommen, kehren sie

Flamingo (*Phoenicopterus ruber*): G = 35 N, A = 0,5 m², b = 1,5 m.

auf einen Felsvorsprung oder einen Baum zurück und warten, bis der Erdboden sich noch weiter erwärmt hat. Die Flugmuskeln dieser Raubvögel sind nicht sehr leistungsfähig, sondern erlauben nur wenige Minuten Flug mit Flügelschlagen. Daher müssen sich die Greifvögel erst einmal in Geduld fassen.

Beim Aufsteigen kühlt sich die Luft ab, und zwar um ca. 1 Grad Celsius pro 100 Meter. In einer bestimmten Höhe beginnt der in der Luft enthaltene Wasserdampf zu kondensieren. Die dabei entstehenden Kumuluswolken sind ein sicheres Anzeichen für eine Aufwärtsbewegung. Die Segelflieger achten auch auf den Flug von Möwen oder Habichten. Wo diese in Spiralen nach oben schweben, herrscht eine Thermik, die die Piloten dann aufsuchen, um höher zu kommen. Gleitende Vögel und Segelflugzeuge haben vergleichbare Sinkgeschwindigkeiten um 1 Meter pro Sekunde. Jedoch sind die Vögel relativ zur Luft langsamer. Sie können mit den Segelfliegern nur mithalten, wenn sie in der Thermik engere Kreise ziehen.

Wenn Vogel und Pilot zuweilen in Spiellaune sind (oder ihrer Wißbegierde folgen, was oft auf dasselbe hinausläuft), dann fliegen sie vielleicht um die Wette. Sie stellen fest, wer die engeren Bögen riskiert oder wer langsamer fliegen kann, ohne die Kontrolle zu verlieren und – im wahren Wortsinne – aus dem Rennen zu fallen. Wer hat die bessere

Taktik, um die nächste Thermik zu erkennen und sie mit minimalem Höhenverlust zu erreichen? Und so weiter. Bussarde scheinen solche Spielchen recht gern zu treiben. Als ein Biologe in Zentralafrika die Gleitgewohnheiten der Gänsegeier aus einem Segelflugzeug mit Hilfsmotor erforschte, gaben sich so an einem heißen Sommertag Natur, Technik und Wissenschaft ein stundenlanges Stelldichein am Himmel.

Die große Wanderung

Die Zugvögel legen zweimal im Jahr enorme Strecken zurück. Eigentlich brauchen sie verläßliche Wettervorhersagen, wenn sie nicht riskieren wollen, in ernste Schwierigkeiten zu geraten. Wegen ihrer relativ geringen Fluggeschwindigkeit benötigen sie bei starkem Gegenwind zuviel Energie. Wenn sich die Windrichtung ändert, drohen sie vom Kurs abzukommen – mit dramatischen Folgen, wenn sich dann über offener See ihre Reserven erschöpfen.

Die kleinen europäischen Sperlingsvögel, die in Afrika überwintern, überqueren zweimal im Jahr das Mittelmeer und die Sahara. Zu den derart mutigen Vögeln zählen Waldsänger, Teichrohrsänger, Bachstelze, Wasserpieper, Weidenlaubsänger, Fliegenschnäpper, Braunkehlchen, Rotschwänzchen und Nachtigall. Mit einer Reisegeschwindigkeit von nur 7 m/s bzw. 25 km/h brauchen sie für ihre Reise reichlich Rükkenwind. Kleine Vögel benötigen für lange Flüge relativ viel Energie. Sperlingsvögel haben – wie auch Tuckers Wellensittich – einen spezifischen Energieverbrauch ($K = W/G$) von ungefähr 0,25. Bei ihrer normalen Reisegeschwindigkeit macht die aerodynamische Wider-

Fischadler (*Pandion haliaetus*): $G = 25$ N, $A = 0,3$ m^2, $b = 1,6$ m.

standskraft rund ein Viertel ihrer Gewichtskraft aus, und sie fliegen nicht besonders ökonomisch.

Alle eben genannten Vögel überqueren die Sahara ohne jegliche Nahrungsaufnahme, so daß ihre Reichweite bei mindestens 1 600 Kilometer liegen muß. Sie müssen sich deswegen vor der Reise so viel Fett anfressen, daß sie gerade noch fliegen können; die Fettpolster werden vor allem an der Brust angelegt. Eine Bachstelze mit einer Masse von rund 20 Gramm hat normalerweise 5 Gramm Fettreserve, die sie vor dem Flug nach Süden auf 15 Gramm aufstockt. Damit wiegt sie bei Reisebeginn rund 30 Gramm, doppelt soviel wie ohne jede „Treibstoffreserve". Mit anderen Worten, ihre Fettreserve macht die Hälfte ihres Startgewichts aus. Bei den Langstreckenflugzeugen ist das Verhältnis ähnlich. Weil sich die kleinen Vögel bis zum Herbst fett gefressen haben, können sie nicht sehr schnell starten. Daher werden sie auf ihrem Weg zum Mittelmeer um so leichter die Beute von italienischen Vogelfängern. Leider schmeckt eine gebratene Nachtigall anscheinend sogar besser, wenn ihr Muskelfleisch von Fettgewebe umgeben ist.

Zurück zum Energieverbrauch der Zugvögel. Setzen wir das mittlere Gewicht einer Bachstelze auf einem langen Flug mit 24 Gramm an. Die aerodynamische Widerstandskraft soll ein Viertel der Gewichtskraft ausmachen, liegt also bei 0,06 Newton. Wie wir in Kapitel 1 gesehen hatten, kann ein Newton auch als ein Joule pro Meter ausgedrückt werden. Wenn wir wissen, wieviel Joule an mechanischer

Chickadee-Meise (*Parus atricapillus*): $G = 0{,}12$ N, $A = 0{,}0076$ m^2, $b = 0{,}21$ m.

Energie der Vogel durch die Verwertung von 15 Gramm Fett aufbringt, können wir seine maximale Reichweite ermitteln. Ein Gramm Fett liefert eine Energie von 32 Kilojoule (siehe Kapitel 2); aus 15 Gramm erhält die Bachstelze daher 480 Kilojoule. Der Wirkungsgrad beträgt aber nur 25 Prozent, so daß die 15 Gramm Fett lediglich 120 Kilojoule mechanische Energie ergeben. Pro Meter werden 0,06 Joule benötigt. Somit kommt der Vogel mit 15 Gramm Fettreserve ungefähr 2 000 Kilometer weit; wenn er dann noch immer über der Sahara ist, muß er in der Wüste verhungern.

Bei einer geplanten Strecke von 1 600 Kilometer ist eine Notreserve für nur weitere 400 Kilometer nicht allzu üppig. Beim Betanken von Flugzeugen rechnet man dagegen nicht so knapp. Die Vögel können sich daher keinen groben Irrtum bei ihrer „Wettervorhersage" leisten. Sie beginnen ihre Reise erst, wenn die Winde aus einer für ihren Flug günstigen Richtung wehen. Bis dahin kreisen sie öfter in der Luft, um die Wetterbedingungen zu prüfen, und warten quasi auf die Freigabe zum Start. Selbst bei mäßigem Rückenwind dauert die Überquerung der Sahara mindestens zwei Tage und eine Nacht. Wenn sich das Wetter in dieser Zeitspanne verschlechtert, kommen viele Vögel unterwegs um. Ähnliche Gefahren bestehen für die amerikanischen Zugvögel, die den Golf von Mexiko überfliegen. Nur wenige Sperlingsvögel überleben, wenn sie durch unerwartete Westwinde weit auf den Atlantik hinausgetrieben werden. Seit Jahrhunderten erlebten die Seeleute immer wieder, daß völlig ausgehungerte und erschöpfte Singvögel ihrem Schicksal entgehen, indem sie – schon mehr tot als lebendig – an Deck des Schiffes landen. Hier erholen sie sich bald wieder, wenn sie Brotkrumen und andere Essensreste erhalten.

Meeresvögel können auf ihrem halbjährlichen Zug Entfernungen zurücklegen, die noch viel größer sind als die 800 Kilometer über den Golf von Mexiko oder die 1 600 Kilometer über die Sahara. Manche Arten von Kiebitzen und Schnepfen fliegen vom Kap Cod an der Westküste von Massachusetts nonstop 4 000 Kilometer weit bis Trinidad. Sie nutzen damit ihre maximale Reichweite fast voll aus. Damit so lange Strecken überhaupt möglich sind, muß die Aerodynamik der Vögel entsprechend angepaßt sein. Ihr Körper ist stromlinienförmig, und ihre Flügel sind schmal. Dadurch ist das Verhältnis zwischen Widerstandskraft und Auftrieb relativ gering. Es beträgt bei den Seevögeln ungefähr 0,1, bei den Singvögeln rund 0,25.

Der Wassertreter, ein kleiner nordamerikanischer Küstenvogel, fliegt über 8 000 Kilometer weit entlang den Küsten von Nord- und

Steinwälzer (*Arenaria interpres*): $G = 1{,}5$ N, $A = 0{,}037$ m^2, $b = 0{,}55$ m.

Südamerika. Vor dieser zweimal jährlich anstehenden Reise schlägt er sich den Bauch mit Garnelen voll. Wie die Sperlingsvögel frißt der Wassertreter sich so viel Fett an, daß er gerade noch fliegen kann. Weil das Verhältnis $K = W/G$ konstant bleibt, steigt seine aerodynamische Widerstandskraft um 50 Prozent über den Normalwert, wie auch sein Gewicht. An seinen Flügeln ändert sich natürlich nichts, so daß er um 22 Prozent schneller fliegen muß (die Wurzel aus 1,5 ist 1,22). Wie wir in Kapitel 2 gesehen hatten, ist die Leistung gleich dem Produkt aus Widerstandskraft und Geschwindigkeit: $P = Wv$. Also ist die benötigte Leistung nahezu doppelt so hoch (es ist $1{,}5 \cdot 1{,}22 = 1{,}83$). Wenn sich der Wassertreter noch voller fressen würde, könnte er nicht mehr starten. Ist er aber einmal in der Luft, dann fliegt er mit seinem günstigen K-Wert fast 5000 Kilometer ohne Halt. Aber das reicht noch nicht für einen Nonstopflug von Kalifornien bis Chile, sondern der Vogel muß zwischendurch Nahrung aufnehmen. Deshalb sucht er entlang der Küste nach Garnelen und anderen Wassertieren.

Jede Vogelart hat ihre eigene Strategie. Die Schnepfenvögel, die an Grönlands Küsten brüten und im August auf ihrer Reise in den Süden an den Gestaden von Nordwesteuropa entlangfliegen, wissen offenbar, daß die Westwinde in größerer Höhe allgemein stärker sind. Auf der 2000 Kilometer langen Strecke bis Schottland wurden sie sogar in 7

Kilometer Höhe gesichtet – das ist fast schon an der Wettergrenze. Auf der Reise zurück nach Grönland gleiten sie dicht über den Wellen und nutzen dabei die südöstlichen Oberflächenwinde, die aus den Südwinden der Tropen hervorgehen.

Starten und Landen

Wenn irgend möglich, starten und landen Vögel und Flugzeuge gegen den Wind. Zum Abheben ist eine bestimmte Mindestgeschwindigkeit nötig, und zwar relativ zur Luft. Diese Geschwindigkeit gegen die Luft nennt man Fluggeschwindigkeit. Dabei spielt die Geschwindigkeit relativ zum Erdboden, die sogenannte Grundgeschwindigkeit, keine Rolle. Wenn Wind herrscht, sind Fluggeschwindigkeit und Grundgeschwindigkeit unterschiedlich hoch. Die Franklin-Möwe und die ihr ähnliche europäische Lachmöwe haben eine Fluggeschwindigkeit von rund 10 m/s bzw. 36 km/h. Ein Wind mit dieser Geschwindigkeit hat eine Stärke von 5 auf der Beaufort-Skala. Bei einem Gegenwind mit 10 m/s kommt die Möwe im Flug nicht vorwärts. Das ist für sie natürlich ärgerlich, wenn sie ein bestimmtes Ziel ansteuert.

Beim Starten oder beim Landen ist ein solcher Wind aber sehr hilfreich. Sitzt die Möwe im Hafen auf einem Dach oder einem Pfosten, dann muß sie bei einer steifen Brise nur die Flügel ausbreiten, um

Franklin-Möwe (*Larus pipixcan*): $G = 2{,}5$ N, $A = 0{,}08$ m^2, $b = 0{,}95$ m.

genügend Auftrieb zu erhalten. Ein kleiner Hopser in die Luft, einige leichte Flügelschläge – und schon fliegt sie mühelos weg. Bei Windstille ist der Start nicht ganz so einfach. Die Möwe kann sich entweder mit ausgebreiteten Flügeln von ihrem erhöhten Standort fallen lassen oder durch heftiges Flügelschlagen nach oben abheben. Letzteres ist anstrengend und erfordert eine viermal höhere Leistung als der normale Flug. Deswegen starten die meisten Vögel gern von erhöhten Punkten wie Bäumen, Pfeilern, Strommasten, Dachrinnen usw. Beim Start im Sturzflug erreicht der Vogel schnell die nötige Fluggeschwindigkeit; die eigentliche Arbeit wird von der Schwerkraft verrichtet. Man darf aber nicht vergessen, daß der Vogel das nicht ganz geschenkt bekommt, denn er muß zuvor auf die entsprechende Höhe geflogen sein. Allerdings können ihm dabei ebenfalls Wind oder Thermik geholfen haben.

Beim Landen sind die Verhältnisse ähnlich wie beim Starten. Wenn möglich, landet ein Vogel gegen den Wind, weil dabei die Grundgeschwindigkeit geringer ist als ohne Wind. So kann er ganz mühelos beispielsweise auf einem Zaun landen, als ob das keine exakte Koor-

Felsentaube (*Columba livia*): $G = 2{,}85$ N, $A = 0{,}06$ m², $b = 0{,}70$ m.

dination erforderte. Eine Taube landet auf einer Dachrinne oder einem Fensterbrett, indem sie sich dem angepeilten Ziel von unten nähert und die letzten paar Meter elegant nach oben segelt. Bei diesem Aufwärtsschwung wird sie langsamer, so daß ihre Fluggeschwindigkeit gerade null wird, wenn sie das Ziel erreicht.

Wenn der Vogel mit Rückenwind starten muß, so hat er Schwierigkeiten, denn dabei muß seine Grundgeschwindigkeit höher sein als seine Geschwindigkeit relativ zur Luft. Dann muß er wie verrückt rennen, bis er gegenüber der Luft schnell genug zum Abheben ist. Wenn der Wind von hinten kommt, braucht der Vogel zum Starten (und zum Landen) eine sehr lange Strecke.

Auch für Flugzeuge spielt der Wind eine Rolle. Sie ist aber nicht so entscheidend wie für Vögel, weil Flugzeuge bei Start und Landung mit 300 bzw. 200 km/h wesentlich schneller sind als normale Winde. Dennoch kann kein Flugzeug bei Rückenwind abheben oder aufsetzen.

Die Startbahnen der größeren Flughäfen sind gut 3 Kilometer lang. Rechnen wir einmal nach, warum diese Strecke für den Start eines großen Verkehrsflugzeugs ausreicht. Ein Flugzeug schlägt nicht mit den Flügeln und kann daher nur starten, indem es eine genügend hohe Geschwindigkeit (relativ zur Luft) erreicht. Dazu muß es auf dem Boden entsprechend beschleunigt werden. Zum Errechnen der nötigen Beschleunigung müssen wir die maximale Leistung der Triebwerke kennen. Die Turbinen eines modernen Verkehrsflugzeugs erzeugen gemeinsam eine Schubkraft, die ungefähr einem Viertel der Gewichtskraft des beladenen Flugzeugs entspricht. Diese Schubkraft ist aber nicht vollständig zum Beschleunigen verfügbar. Wir müssen berücksichtigen, daß Reibungsverluste auftreten und daß schon beim Rollen die aerodynamische Widerstandskraft W mit der Geschwindigkeit ansteigt. Wir schätzen die Netto-Schubkraft S zum Beschleunigen zu einem Fünftel des Startgewichts G ab. Damit ist

$$S - W = 0{,}2 \cdot G. \qquad (7)$$

Arbeit ist Kraft mal Weg. Daher ist das Produkt aus der Netto-Schubkraft S und dem Startweg r gleich der von den Turbinen bis zum Abheben zu verrichtenden Arbeit. Diese wird in kinetische Energie (Bewegungsenergie) des Flugzeugs umgesetzt. Im Physikunterricht haben wir gelernt, daß die kinetische Energie als $\frac{1}{2} m v^2$ ausgedrückt werden kann. Darin ist m die Masse und v die Geschwindigkeit des betreffenden Körpers. Nun benötigen wir nur noch die Beziehung zwischen der Masse und der Gewichtskraft G. Das ist die Kraft, mit der ein Körper der Masse m aufgrund der Gravitation von der Erde angezogen wird. Mit der Erdbeschleunigung $g = 9{,}81 \ \mathrm{m/s^2}$ gilt

$$G = m\,g\,. \qquad (8)$$

Damit ist die kinetische Energie E auch gegeben durch

$$E = \tfrac{1}{2}\, m\, v^2 = \tfrac{1}{2}\,\frac{G}{g}\, v^2\,. \qquad (9)$$

Die von den Turbinen verrichtete Arbeit ist – wie gesagt – das Produkt aus der Netto-Schubkraft S und dem Startweg r. Mit den Gleichungen 7 und 9 folgt

$$\tfrac{1}{2}\,\frac{G}{g}\, v^2 = 0{,}2\cdot G\, r\,. \qquad (10)$$

Das können wir noch vereinfachen. Dazu dividieren wir beide Seiten der Gleichung durch G und multiplizieren sie mit $2\,g$. Das ergibt

$$v^2 = 0{,}4\cdot g\, r\,. \qquad (11)$$

Jetzt ist es kinderleicht auszurechnen, wie lang die Startbahn sein muß. Wenn das Flugzeug zum Abheben mindestens $84 \ \mathrm{m/s}$ (bzw. $300 \ \mathrm{km/h}$) schnell sein muß, erhalten wir mit dem oben angegebenen Wert der Erdbeschleunigung g die Strecke $r = 1764 \ \mathrm{m}$. Damit eine gewisse Sicherheitsreserve besteht, sollte die Startbahn ungefähr doppelt so lang sein – eben 3 Kilometer, wie schon gesagt. Wenn eines der Triebwerke während des Anlaufs ausfällt, dann kann das Flugzeug in der zweiten Hälfte der Startbahn noch bis zum Stillstand abgebremst werden. Übrigens ist das auch ein gutes Beispiel für die Sicherheitsspannen, die bei der Luftfahrt allgemein eingehalten werden. Angemessene Reserven (nicht zu klein, aber auch nicht allzu groß) bieten eine Sicherheit für glücklicherweise selten eintretende technische Probleme.

Wollten wir statt unserer groben Abschätzung eine genauere Berechnung anstellen, dann wäre sie recht kompliziert. Die maximale Geschwindigkeit, bei der der Startvorgang noch sicher abgebrochen werden kann, hängt unter anderem vom Gesamtgewicht des Flugzeugs ab. Die Piloten können die entsprechenden Werte den Datenblättern für das jeweilige Flugzeug entnehmen. Sobald dieser *Point of no Return* während des Anlaufs erreicht ist, informiert der Copilot den Flugkapitän darüber. Ist diese Geschwindigkeit überschritten, muß das Flugzeug auf jeden Fall weiter beschleunigt und hochgezogen werden,

Kanadischer Kranich (*Grus canadensis*): G = 45 N, A = 0,5 m^2, b = 2,0 m.

auch wenn ein Triebwerk versagen sollte. Ein paar Sekunden nach Erreichen des *Point of no Return* zieht der Pilot die Nase des Flugzeugs nach oben, und kurz darauf hebt es ab. Weil das Risiko besteht, daß eine Turbine ausfallen kann, haben die meisten Flugzeuge für Interkontinentalstrecken drei oder vier Triebwerke. Wenn drei ihrer vier Turbinen ordnungsgemäß arbeiten, kann eine Boeing 747 immer noch sicher starten, aber nicht mehr schnell steigen. Wegen der sehr hohen Zuverlässigkeit der modernen Flugzeugtriebwerke dürfen heute auch bestimmte zweistrahlige Maschinen über die Ozeane fliegen.

Bei voll beladenen, schweren Flugzeugen sind die Grenzen beim Starten enger gesetzt. Eine Boeing 747-400 mit einem Startgewicht von 380 Tonnen muß zum Abheben auf eine Geschwindigkeit von 93 m/s bzw. 340 km/h beschleunigen. Das sind rund 40 km/h mehr, als wir eben angesetzt hatten. Die entsprechende Länge des Anlaufs errechnen wir damit zu 2160 m. Bei einer 3-km-Startbahn liegen also nur noch knapp 900 Meter vor dem Flugzeug, wenn es abhebt. Daher muß hier die maximale Abbruchgeschwindigkeit mit ca. 280 km/h deutlich geringer veranschlagt werden. Wenn sie beim Beschleunigen erreicht ist, sind 1500 m zurückgelegt, die Hälfte der Startbahnlänge.

Es ist nicht schwer, den Einfluß des Windes auf die Startstrecke zu berechnen. Bei einem Gegenwind mit 50 km/h erreicht eine voll beladene Boeing 747 ihre zum Abheben nötige Fluggeschwindigkeit (relativ zur Luft) von 340 km/h schon bei einer Grundgeschwindigkeit (relativ zum Erdboden) von 290 km/h. Damit verkürzt sich die Anlaufstrecke von 2160 m auf 1600 m. Das können Sie mit Hilfe von Gleichung 11 nachrechnen. Nun stellen Sie sich die umgekehrte Situation – also mit Rückenwind – vor. Dabei müßte eine Grundgeschwindigkeit von 340 + 50 = 390 km/h erreicht werden, damit die Fluggeschwindigkeit 340 km/h beträgt. Der Startweg wäre dann fast

Weißstorch (*Ciconia alba*): $G = 30$ N, $A = 0{,}49$ m^2, $b = 1{,}9$ m.

3 km lang, so daß praktisch die ganze Startbahnlänge benötigt würde und keine Reserve mehr bestünde. Aber seien Sie unbesorgt: Kein Pilot würde unter solchen Bedingungen jemals starten wollen.

Natürlich ist Gegenwind auch beim Landen vorteilhaft. Ein kleineres Flugzeug, die Fokker F-100, hat eine Landegeschwindigkeit (relativ zur Luft) von 190 km/h. Herrscht ein Gegenwind mit 50 km/h, dann verringert sich die Grundgeschwindigkeit auf 140 km/h, bei der gelandet werden kann. Dann wird die Bremsstrecke deutlich kürzer sein als ohne Gegenwind. Deshalb werden die Flugzeuge bei der Annäherung an die Flughäfen von den Fluglotsen so geleitet, daß sie im wesentlichen mit Gegenwind landen können. Von diesen Richtungen kann nur abgewichen werden – z. B. um die Lärmbelästigung der Anwohner zu vermindern –, wenn der Wind sehr schwach ist. Die Bewohner des Londoner Vororts Hounslow können ein Lied davon singen, daß in unseren Breiten meist Westwind herrscht, denn die Flugzeuge streifen hier beim Landeanflug fast die Hausdächer.

Fertig zum Landen

Damit der Flugverkehr vor allem nahe den Flughäfen geordnet verläuft, sind bestimmte Prozeduren streng einzuhalten. Der Landeanflug wird damit vorbereitet, daß der Pilot auf etwa 1500 m Höhe heruntergeht. Dann empfängt das Flugzeug aus einer Entfernung von rund 20 km Radarstrahlen, die in Windrichtung parallel zur Landebahn gesendet werden. Jetzt wird eine 180°-Kehre geflogen, wobei das Flugzeug zur Landebahn hin ausgerichtet wird. Nach dieser letzten, großen Schleife werden die Landeklappen und das Fahrgestell ausgefahren, und die Fluggeschwindigkeit wird auf 240 km/h verringert. Inzwischen befindet sich das Flugzeug noch rund 20 km vor dem Aufsetzpunkt, und es beginnt der sogenannte Endanflug. Er dauert etwa 5 Minuten. Die meisten Passagiere hätten nichts dagegen, wenn diese Phase ein wenig rascher ginge, aber die Piloten haben in den letzten Minuten des Fluges alle Hände voll zu tun. Ein schnellerer Endanflug würde im Cockpit zu großem Streß führen. Kunststücke überläßt man lieber den Kampf- oder den Sportpiloten.

Nicht nur die Piloten müssen den Anflug trainieren, bis ihnen die Abläufe in Fleisch und Blut übergehen, sondern auch Vögel können es nicht sofort. Während meiner Studienzeit verbrachte ich die Sommermonate meist auf einer der Inseln vor der holländischen Küste. Da hatte

Kapsturmvogel (*Daption capensis*): $G = 4,3$ N, $A = 0,077$ m^2, $b = 0,88$ m.

ich reichlich Zeit, die Vögel zu beobachten. Was ich eines Nachmittags sah, wurde durch meine Phantasie vielleicht ein wenig verklärt, aber es hat sich wirklich so zugetragen.

Eine ausgewachsene Silbermöwe brachte ihrem Jungen Schritt für Schritt bei, was beim Landen alles zu tun und zu beachten ist: Wähle zuerst den Landepunkt und schau auf die Wellen, damit du die Hauptwindrichtung findest. Achte auf Seitenwind, durch den du abdriften kannst. Jetzt fliegst du ein Weilchen mit dem Wind und drehst danach in den Wind. Nun ist Geschicklichkeit gefragt. Höre mit dem Flügelschlagen auf und beginne den Sinkflug bei einer Geschwindigkeit, die es dir noch erlaubt, die Wirkung von Windböen auszugleichen. Achte beim Sinkflug auf die Annäherung an den Landepunkt und strecke deine Füße etwas aus, wenn du nicht schnell genug sinkst. Bremse in den letzten paar Sekunden des Anflugs ab, indem du dich zurücklehnst und den Schnabel nach oben reckst. Dabei spreizt du Flügel und Schwanzfedern weit ab und streckst die Füße nach unten. Zum Schluß hebst du die Flügel über die Schultern an, landest und faltest die Flügel zusammen.

Der Jungvogel, leicht zu erkennen an seinem grau-braun gesprenkelten Gefieder, tat sein Bestes, um dem Beispiel der Mutter zu folgen – mit mäßigem Erfolg. Er hatte an jenem Nachmittag schon den Zusammenhang zwischen Windrichtung und Landeanflug verstanden. Mit dem Rest hatte er aber so seine Not und machte nach der letzten Kehre ziemlichen Blödsinn. Manchmal flog er zu hoch an, dann wieder zu tief. Wenn er zu schnell war, streckte er nicht etwa die Beine aus, sondern versuchte das Tempo durch Zurücklehnen zu korrigieren. Und wozu führte das? Der Auftrieb nahm zu, und der kleine Vogel schwebte nach oben, bis er merkte, daß er nun zu hoch war. Nun schoß er nach unten und verfehlte das Ziel natürlich erneut. Beim Sinkflug ergibt sich eine zusätzliche Beschleunigung. Wenn er das aber durch Hochziehen korrigierte, war der Anflug wiederum zu hoch. – All das ähnelte doch sehr den ersten Ausbildungsstunden eines Piloten.

Die ziemlich unrühmlichen Versuche des Jungvogels gipfelten denn auch in herber Enttäuschung. Trotz aller Bemühungen schaffte er keine einzige weiche Landung. Zuweilen war er so schnell, daß er über seine Füße stolperte und einen ungewollten Salto schlug. Doch er ließ sich nicht entmutigen und wollte erneut nachmachen, wie seine Mutter sich unmittelbar vor der Landung sanft abfing. Durch Zurücklehnen und volles Ausstrecken von Flügeln und Beinen kurz vor dem Aufsetzen wird ein Vogel nämlich langsamer, ohne an Höhe zu verlieren. In dem Augenblick, in dem sein Auftrieb und seine Geschwindigkeit auf null fallen, dürfen sich seine Füße nur noch wenige Zentimeter über dem Landepunkt befinden. Das letzte Stückchen fällt er dadurch ganz sanft herunter. Unser Jungvogel verfehlte den idealen Zeitpunkt jedoch weiterhin durch Überreagieren: Er bremste so abrupt, daß er Auftrieb und Geschwindigkeit gleichzeitig verlor und den letzten Meter herunterfiel wie ein Stein. Die „Landung" war entsprechend schmerzhaft.

Ein großer, schwerer Vogel kann nicht so flink manövrieren wie seine kleineren Vettern. Deshalb muß er seine Flugbewegungen besonders sorgfältig ausführen. Eine Silbermöwe an der *Fisherman's Wharf* in San Francisco muß zum Beispiel stets auf unregelmäßig auftretende Windböen zwischen den Piers und den Speichern gefaßt sein. Aber ein paar rasche Flügelschläge und eine enge Kehre werden sie schnell aus der Gefahrenzone bringen, wenn etwas Unvorhergesehenes geschieht.

Hier lebt auch der Braune Pelikan; er muß besonders sorgfältig auf die Winde achten. Mit der Masse 3 kg (Gewichtskraft ca. 30 N), der Spannweite 2,2 m und einer Flügelfläche von fast 0,5 m^2 ist er ein großer Vogel. Die Flächenbelastung seiner Flügel beträgt 60 N/m^2, und er erreicht eine Fluggeschwindigkeit von 12 m/s bzw. 44 km/h. Wegen seiner großen Schwingen fliegt ein Pelikan nicht schneller als eine Silbermöwe oder eine Brieftaube. Sein Gewicht ist jedoch vergleichbar mit dem eines Eistauchers, der mit über 20 m/s (bzw. 72 km/h) fliegen muß, um in der Luft zu bleiben.

Vor einigen Jahren beobachtete ich an der *Fisherman's Wharf* in San Francisco einen ausgewachsenen Pelikan, der sich einer kleinen Gruppe anderer Pelikane anschließen wollte. Die Vögel warteten auf die Rückkehr der Fischerboote, die am Morgen ausgelaufen waren. Der Pelikan wollte auf einem der Masten der Boote landen, die am Pier festgemacht waren. Sein Endanflug mußte also rund ein viertel Meter über dem Masttopp enden, so daß der Vogel die letzten paar Dutzend Meter

Aztekenmöwe (*Larus atricilla*): $G = 3,3$ N, $A = 0,1$ m^2, $b = 1$ m.

seines Fluges steil sinken mußte. Ein Sturzflug kam aber nicht in Frage, weil er dabei zu schnell werden würde, anstatt Höhe und Geschwindigkeit gleichzeitig herabzusetzen.

Beim ersten Landeversuch ging so ziemlich alles schief. Zehn Meter vor dem Ziel wurde der Pelikan plötzlich von einer seitlichen Bö weit abgetrieben. Vor einem solchen Effekt fürchten sich auch die Piloten kleiner Flugzeuge. Der Pelikan mußte nun sofort die Füße ausstrecken und alle Kraft seiner Flügel aufbieten, um in einer steilen Kehre schnell wieder an Höhe zu gewinnen. Dabei vermied er den Aufprall auf den Pier nur um ein paar Zentimeter, flog dann mit maximaler Leistung weiter, vollführte einen Bogen und folgte rund 100 Meter weit der Windrichtung.

Dann kehrte er um und wagte einen zweiten Versuch. Er glitt über die Mastspitzen der Fischerboote hinweg – so langsam und so niedrig, wie es gerade noch ging. Glücklicherweise blieben weitere Windböen jetzt aus. Der Pelikan spreizte seine Füße ab, bremste noch stärker ab und schwebte aus. Er legte jetzt eine perfekte Landung hin, die nichts davon erkennen ließ, wieviel Können und Geschicklichkeit dahinterstecken. Er mußte beim Aufsetzen nicht einmal die Füße bewegen. Nun war er mit seinen Artgenossen zusammen.

Vor vielen Jahren war ich auf dem Flughafen Rotterdam einmal an einem Beinahezusammenstoß von Flugzeugen beteiligt. Ich hatte kurz zuvor meinen Privatpilotenschein gemacht und trainierte gerade Start und Landung mit einer einmotorigen Saab Safir. Das Aufsetzen mit anschließendem Durchstarten heißt in der Fliegerei *Touch and Down*. Mein Flugzeug trug die Bezeichnung PH-UEG; ich wurde im Funkverkehr daher mit „Echo Golf" angesprochen.

Ich reihte mich in den Flugverkehr ein – auf dem korrekten Kurs und mit der richtigen Geschwindigkeit – und war gerade knapp einen Kilometer in Windrichtung von der Landebahn entfernt. Ich hatte alles unter Kontrolle. Plötzlich hörte ich im Kopfhörer ein scharfes Kommando: „Echo Golf, fliegen Sie *augenblicklich* eine Linkskurve!" Natürlich befolgte ich die Anweisung unmittelbar, zog also scharf nach links und bestätigte das über Funk.

Ich hatte es noch nicht bemerkt, aber der Fluglotse wußte, daß rund 20 Kilometer entfernt ein Verkehrsflugzeug gerade seinen Landeanflug begann. Es waren noch ein paar Minuten Zeit, und der Fluglotse wollte mich meine Lande- und Start-Übung offenbar zuvor noch ausführen lassen. Als ich kurz vor der Landebahn war, gab er mir die Freigabe: „Echo Golf, klar zur Landung auf Landebahn 24." Nun war ich mit verschiedenen Aktionen beschäftigt: Fahrwerk und Landeklappen ausfahren, Fluggeschwindigkeit prüfen, Gas wegnehmen und so weiter. Ich widmete meine ganze Aufmerksamkeit der bevorstehenden Landung.

Als ich noch gut 100 Meter vor dem Aufsetzpunkt war und in wenigen Sekunden landen würde, ließ ein Pilot sein Verkehrsflugzeug

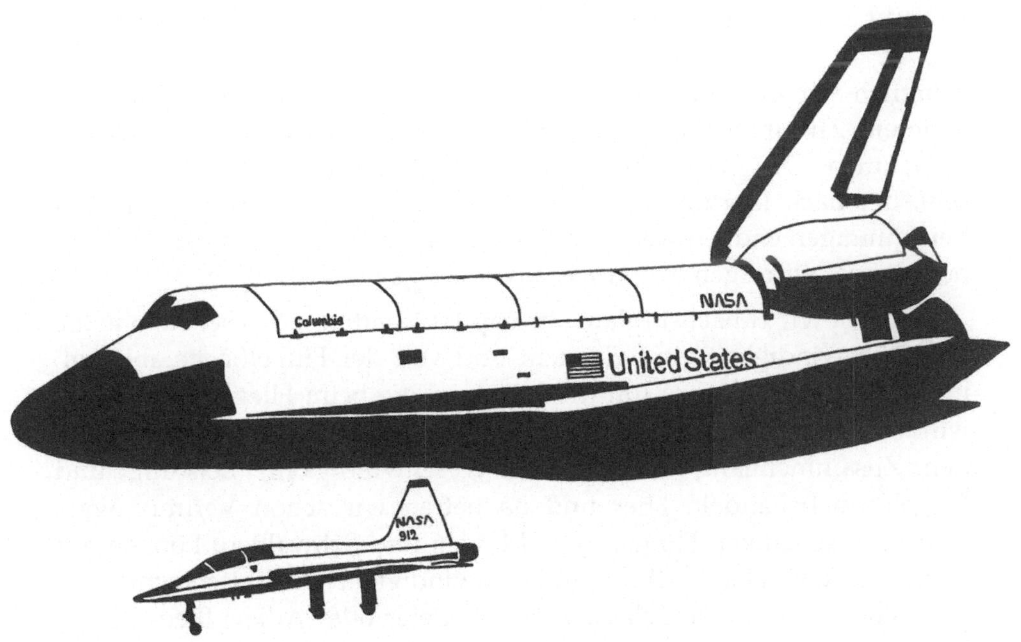

Space Shuttle *Columbia*: $G = 1 \cdot 10^6$ N, $A = 250$ m², $b = 24$ m.
Northrop T-38: $G = 1{,}15 \cdot 10^5$ N, $A = 17{,}3$ m², $b = 8{,}13$ m.

auf die Landebahn rollen. Er hatte meine Maschine weder gesehen noch gehört und auch die Freigabe aus dem Tower nicht abgewartet. Dabei darf jeder Pilot nur nach ausdrücklicher Anweisung sein Flugzeug auf die Start- und Landebahnen führen. Ich hatte in meiner Konzentration auf die Landung das andere Flugzeug ebenfalls nicht gesehen.

Sowie ich die Gefahr bemerkte, rammte ich den Gashebel bis zum Anschlag nach vorn. Damit hätte ich mich umbringen können, denn Flugzeug-Kolbenmotoren werden leicht abgewürgt, wenn man zu schnell zu viel Gas gibt. Ihre Vergaser haben nämlich keine Beschleunigungspumpe. Mein Motor bekam prompt einen gehörigen Schluckauf, und der Propeller blieb fast stehen. Sehr bald fing sich der Motor gottlob wieder, und mit Vollgas konnte ich meine Maschine gerade noch über das Heck des Flugzeugs hinwegziehen, dessen Pilot so pflichtwidrig gehandelt hatte. Etwas blaß geworden, flog ich eine erneute Kehre. Nun landete ich – zugegeben, nicht besonders weich – und war froh, wieder festen Boden unter den Füßen zu haben. Anschließend fuhr ich, immer noch zitternd, mit meinem alten Moped nach Hause. Mein Fluglehrer hämmerte es mir immer wieder ein: „Behandle den Gashebel wie ein rohes Ei. Niemals zu krasse Änderungen!" Bestimmte Prozeduren muß man so oft trainieren, bis man sie wie im Schlaf beherrscht. Dann wird man auch in Notsituationen keine Fehler machen.

Kommen wir mit den Verhaltensvorschriften erst einmal zu Ende. In anderem Zusammenhang werden wir in Kapitel 5 den Faden wieder aufnehmen. Der Schwerpunkt dabei wird der Flug mit Muskelkraft sein, der nach Jahrhunderten des Träumens, der Phantasien und der Berechnungen endlich wahr werden konnte. Wir können diese Leistung noch besser würdigen, wenn wir zuvor einige Punkte klären.

Ziehen wir zunächst Bilanz. In Kapitel 1 hatten wir gesehen, wie die Fluggeschwindigkeit vom Gewicht und von der Flügelfläche abhängt, und in Kapitel 2 ging es um die Leistung, die beim Fliegen zum Überwinden des Luftwiderstands nötig ist. Wir haben allerdings noch nicht den Zusammenhang zwischen Sinkgeschwindigkeit, Leistung und Flügelform behandelt. Hier und da hatten wir schon Vermutungen: Vögel mit schlanken Flügeln (wie Möwen und Schwalben) können gut durch die Luft gleiten; ihre Sinkgeschwindigkeit wird also recht klein sein. Vögel mit breiten Schwingen (wie Geier oder Adler) fliegen recht langsam; auch dies hat seine Vorteile beim Segeln. Es wäre schön, wenn wir die Sinkgeschwindigkeit einer Silbermöwe, eines Adlers oder gar eines muskelbetriebenen Flugzeugs selbst errechnen könnten. Das ist gar nicht so schwer, denn wir müssen dafür nur einige Gesetzmäßigkeiten und Definitionen behandeln. Doch das wird sich lohnen, denn nach der Lektüre von Kapitel 4 können Sie sich Ihr eigenes Urteil über die Kunst des Fliegens bei verschiedenen Vögeln und Flugzeugen bilden.

In Kapitel 4 werden wir auch erkennen, daß die Vögel nicht etwa deshalb fliegen, weil sie dauernd heftig mit den Flügeln herumrudern. Der Vogelflug ist viel eleganter, und sein Bewegungsablauf ähnelt dem eines Eisschnelläufers oder eines Inline-Skaters. Auch dieser kommt schnell voran, ohne wild mit den Beinen zu schlenkern. Schauen wir uns an, worin die Raffinesse besteht.

Brauner Pelikan (*Pelecanus occidentalis*): $G = 34$ N, $A = 0,45$ m^2, $b = 2,2$ m.

4 Fliegen mit Finesse

Wie alle guten Holländer vergaß ich unsere Schlittschuhe nicht, als ich mit meiner Familie im Jahre 1965 in die USA zog. Im Winter fuhren wir nach den ersten Frostnächten in die Berge zu einem kleinen Stausee im Centre County im Bundesstaat Pennsylvania. Als wir unsere Schlittschuhe anlegten, hörten wir die Leute hinter uns tuscheln. Unsere hölzernen Leisten und die Lederriemen kamen ihnen wohl wie billiger Ersatz für ordentliche Schlittschuhe vor. Aber das Grinsen hörte auf, sobald deutlich wurde, daß auch der geübteste Teenager auf teuren Kufen nicht mit mir mitkam.

Das Schaltgetriebe beim Auto oder beim Fahrrad ist eine segensreiche Erfindung, denn mit ihm ist die Umdrehungszahl der Antriebswelle (der Motorwelle bzw. des vorderen Kettenrades) stets in einem bestimmten Bereich zu halten, auch wenn das Fahrzeug schnell fährt. Dadurch werden beim Auto der Benzinverbrauch und der Verschleiß in Grenzen gehalten, und beim Fahrrad können wir mit der jeweils geeigneten Übersetzung Steigungen oder längere Strecken gut bewältigen. Die beanspruchten Muskeln setzen Glukose (Traubenzucker) in Milchsäure bzw. deren Salze (Laktate) um. Wenn diese nicht schnell genug abgebaut werden, nimmt die Leistung bald ab, und wir bekommen später Muskelkater. Unsere Beinmuskeln sind recht kräftig und ausdauernd. Bei einem trainierten Leistungssportler können sie rund eine Stunde lang bis zu 200 Watt aufbringen, aber nur, wenn die Bewegung nicht zu schnell ist. Deswegen haben gute Fahrräder mehrere Gänge bzw. Übersetzungen, damit stets die günstigste Trittfrequenz gewählt werden kann. Bei Schlittschuhen (wie auch bei den Inline-Skates) braucht man natürlich kein Getriebe.

Aber auch beim Eisschnellauf gibt es so etwas wie eine Übersetzung, die allerdings ohne konstruktiven Aufwand bereitgestellt wird. Wenn man sich nach vorn abdrückt, bildet die Kufe einen kleinen Winkel gegenüber der gewünschten Richtung; siehe Abbildung 11. Diesen Winkel kann der Läufer ändern. Wenn er seine Vorwärtsgeschwindigkeit v erhöht, wird der Kurswinkel i kleiner. Das geschieht automatisch, denn die Beine versuchen, die Quergeschwindigkeit u klein zu halten. Dadurch wird die Frequenz der Beinbewegungen begrenzt und die Bildung von zuviel Milchsäure in den Muskeln verhindert.

In Abbildung 11 erkennen wir zwei Dreiecke; das eine wird von den Kräften gebildet, das andere von den Geschwindigkeiten. Die beiden Dreiecke sind einander ähnlich. Wir können aus der Zeichnung das Verhältnis der Quergeschwindigkeit u zur Vorwärtsgeschwindigkeit v ablesen. Dieser Quotient u/v bestimmt die Energiebilanz beim Eislaufen.

In der Gleitrichtung der Kufen auf dem Eis besteht kaum Reibung. Daher wirkt die Kraft C, die der Läufer mit den Beinen ausübt, senkrecht zur Gleitrichtung der Kufe. Diese bildet mit der Laufrichtung den Winkel i. Also hat die Kraft C sowohl eine Querkomponente Z als auch eine Vorwärtskomponente S, die Schubkraft. Die ist natürlich nötig, um gegen die Widerstandskräfte überhaupt voranzukommen.

Das Kräfte-Dreieck mit den Kräften C, Z und S umfaßt eine starke seitliche Kraft Z und eine schwache Schubkraft S. Weil die Kraft C senkrecht zur Kufenrichtung wirkt, ist der Winkel i zwischen Z und C identisch mit dem Winkel zwischen Lauf- und Kufenrichtung. Somit

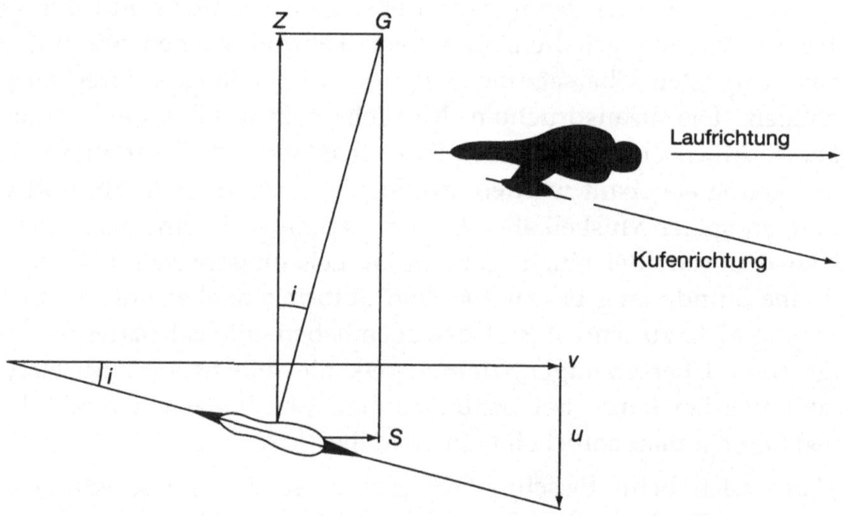

Abbildung 11: Die Kräfte und die Geschwindigkeiten für das rechte Bein eines Eisschnelläufers (von oben gesehen). Die Kraft C zwischen dem Eis und der Kufe wirkt quer zur Kufenrichtung, weil die Reibungskraft zwischen Eis und Kufe extrem gering ist. Die Bewegung des Beines bewirkt nicht nur eine hohe Querkraft Z, sondern auch eine nach vorn gerichtete Schubkraft S. Weil das Kräfte-Dreieck dieselben Proportionen hat wie das Geschwindigkeits-Dreieck, ist der Quotient S/Z gleich dem Quotienten aus der Quergeschwindigkeit u und der Laufgeschwindigkeit v in der gewünschten Richtung.

sind (was trivial erscheint, aber entscheidend ist) die Verhältnisse im Kräfte-Dreieck gleich denen im Geschwindigkeits-Dreieck. Insbesondere ist der Quotient aus der geringen Schubkraft S und der großen Querkraft Z gleich dem Quotienten aus der niedrigen Quergeschwindigkeit u und der hohen Vorwärtsgeschwindigkeit v des Eisläufers:

$$\frac{S}{Z} = \frac{u}{v} . \qquad (12)$$

Wenn wir das umformen, können wir die Gegebenheiten noch leichter erkennen. Wir multiplizieren beide Seiten der Gleichung mit v sowie mit Z, um die Nenner zu entfernen. Das ergibt

$$S v = Z u . \qquad (13)$$

Der Ausdruck auf der linken Seite ist das Produkt aus der Schubkraft S und der Laufgeschwindigkeit v und damit gleich der Leistung P, die für die Vorwärtsbewegung aufzubringen ist.

Auch die rechte Seite der Gleichung muß einer Leistung entsprechen. Die Querkraft Z, die die Beine des Läufers ausüben, ist hier multipliziert mit der Quergeschwindigkeit u, mit der die Kufen bewegt werden. Deshalb gibt die rechte Seite von Gleichung 13 die von den Beinen abgegebene Leistung an. Diese ist gleich der Leistung für die Vorwärtsbewegung. Somit wird die von den Beinen erbrachte Leistung *ohne Verlust* in die Vortriebsleistung $P = S v$ umgewandelt. Das ist die physikalische Erklärung für die auch hier vorliegende „Übersetzung". Die von den Beinen bei hoher Kraft Z und geringer Geschwindigkeit u aufgebrachte Leistung wird umgesetzt in die Laufleistung mit geringer Kraft S und hoher Vorwärtsgeschwindigkeit v. Um schneller zu laufen, muß man nur kräftiger stoßen, d. h. die Kraft Z erhöhen. Dabei muß man aber nicht schneller treten.

Flügelschlagen

Ein Vogel, der beim Flug mit den Flügeln schlägt, hat im Grunde dasselbe Problem wie ein Eisschnelläufer. Würde er zu schnell mit den Flügeln schlagen, dann bekäme auch er bald Muskelkater. Er wird deshalb versuchen, die Schlagfrequenz gering zu halten.

Viele Leute glauben, Gänse oder Schwäne würden beim Flug mit den Flügeln in der Luft herumrudern. Schaut man aber genauer hin, dann erkennt man eine ganz andere Art der Bewegung. Beim Abwärtsschlag bewegt sich der Flügel eines Vogels ein wenig *nach vorn*.

Mit Rückwärtsschlägen hätte er nämlich keinen Erfolg. Nehmen wir an, der Vogel fliegt mit 40 km/h und müßte dazu mit den Flügeln heftig schlagen. Das würde eine unmöglich hohe Schlagfrequenz erfordern.

Vögel packen das sehr viel geschickter an. Ihr Flügelschlagen ähnelt im Prinzip den Beinbewegungen eines Eisschnelläufers, nur daß die Bewegungsebene um 90° gedreht ist; siehe Abbildung 12. Der Abwärtsschlag des Flügels muß sowohl den Auftrieb als auch die Schubkraft liefern. Die aerodynamische Widerstandskraft des Flügels selbst ist (in Flugrichtung) sehr gering. Daher wirkt die aerodynamische Kraft C nahezu senkrecht zur Bewegungsrichtung des Flügels. Wenn sich der Flügel nach unten bewegt, hat die Kraft C eine vertikale Komponente L, und zwar die Auftriebskraft, durch die sich der Vogel in der Luft hält. Die andere Komponente von C ist die vorwärts wirkende Schubkraft S.

Sicher haben Sie die Ähnlichkeit der Abbildungen 11 und 12 bemerkt. Die Verhältnisse im Kräfte-Dreieck (C, S und L) sind dieselben wie im Geschwindigkeits-Dreieck. Hier sind v die horizontale und u die vertikale Geschwindigkeits-Komponente. Also ist der Quotient S/L

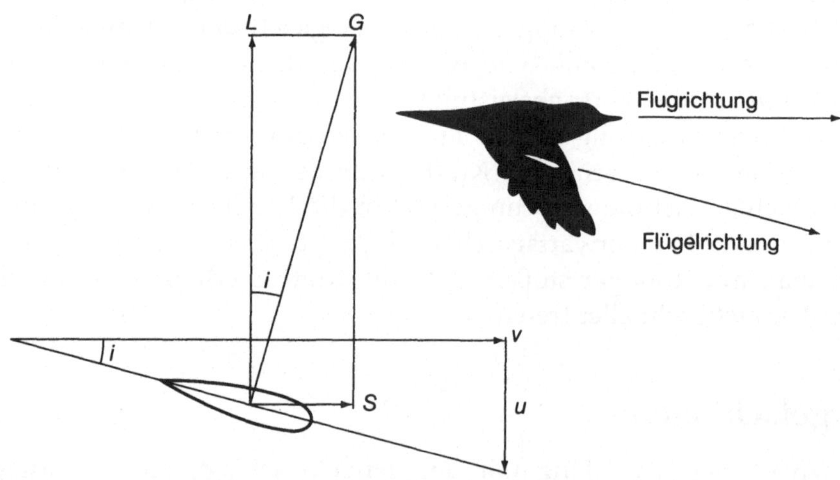

Abbildung 12: Die Kräfte und die Geschwindigkeiten beim Abwärtsschlag eines Flügels, von der Seite gesehen. Die aerodynamische Kraft C wirkt praktisch senkrecht zur Vorwärtsrichtung des Flügels, weil dessen Luftwiderstand dabei gering ist. Der Abwärtsschlag liefert den Auftrieb L und die Schubkraft S. Weil das Kräfte-Dreieck dieselben Proportionen hat wie das Geschwindigkeits-Dreieck, ist der Quotient S/L gleich dem Quotienten aus der Abwärtsgeschwindigkeit u des Flügels und der Fluggeschwindigkeit v des Vogels.

aus Schubkraft und Auftrieb gleich dem Quotienten u/v aus der Abwärtsgeschwindigkeit u des Flügels und der Fluggeschwindigkeit v des Vogels:

$$\frac{S}{L} = \frac{u}{v}. \qquad (14)$$

Wir formen das auf dieselbe Weise um wie vorhin die Gleichung 12. Damit erhalten wir

$$Sv = Lu. \qquad (15)$$

Wie bei Gleichung 13 steht hier auf jeder Seite ein Ausdruck für eine Leistung. Auf der linken Seite haben wir das Produkt aus der Schubkraft S und der Fluggeschwindigkeit v, also die Leistung P, die für das Vorwärtsfliegen aufzubringen ist. Praktisch verlustfrei wird diese Leistung durch die große Auftriebskraft L aufgebracht, wobei die geringe, abwärts gerichtete Geschwindigkeit u vorliegt.

Die Auftriebskraft bewirkt, daß der Vogel gegen die Schwerkraft in der Luft bleibt, und bei der Abwärtsbewegung des Flügels erzeugt dessen Kraft außerdem die Vortriebsbewegung. Die Leistung – das Produkt aus dem Auftrieb L und der Abwärtsgeschwindigkeit u – ist vollständig für die Vorwärtsbewegung nutzbar. Wie schon beim Eisschnelläufer kann dieselbe Leistung durch eine geringe Kraft bei großer Geschwindigkeit oder durch eine hohe Kraft bei geringer Geschwindigkeit bereitgestellt werden. Solange der Vogel den Winkel zwischen Flügel und Flugrichtung klein hält, benötigt er keine hohe Schlagfrequenz.

Horizontalflug

Die Analogie zwischen dem Eisschnellauf und dem Vogelflug mit Flügelschlagen hilft uns, den Gleitflug von Vögeln und Flugzeugen zu verstehen. Auch hier sind die Proportionen im Kräfte-Dreieck gleich denen im Geschwindigkeits-Dreieck; also liegen wiederum zwei längliche, einander ähnliche Dreiecke vor. Zunächst müssen wir jedoch unsere Überlegungen aus Kapitel 2 kurz rekapitulieren. Schauen wir uns dazu in Abbildung 13 die Gegebenheiten beim Horizontalflug an. Die Gewichtskraft G wird durch die Auftriebskraft L ausgeglichen und die aerodynamische Widerstandskraft W durch die Schubkraft S. Wenn das Flugzeug mit konstanter Geschwindigkeit in gleichbleibender Höhe fliegt, ist $L = G$ und $S = W$.

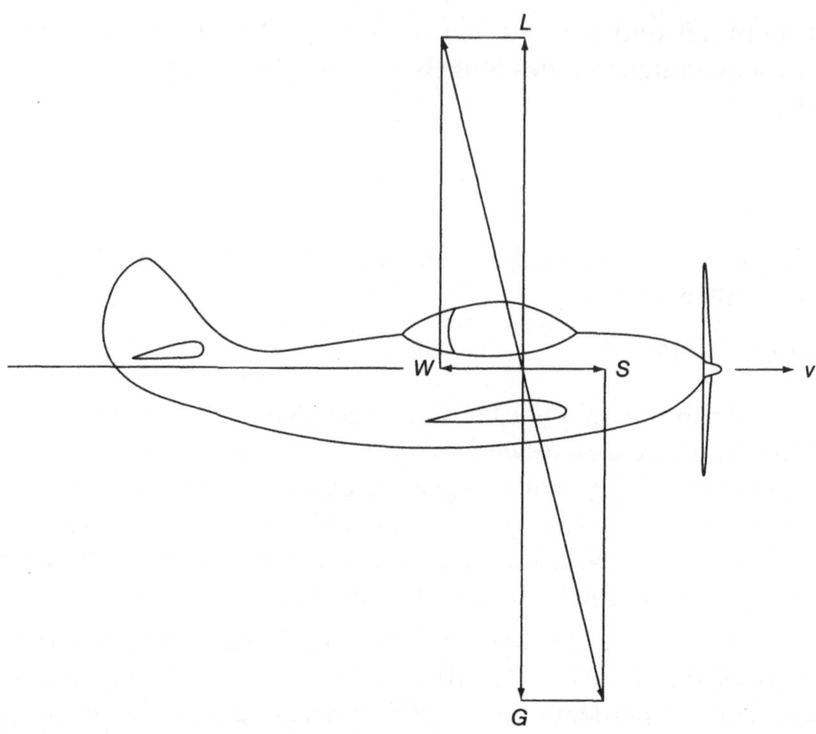

Abbildung 13:   Die beim Horizontalflug wirkenden Kräfte. Die Gewichtskraft G des Flugzeugs wird durch die Auftriebskraft L ausgeglichen und die aerodynamische Widerstandskraft W durch die Schubkraft S. Die Geschwindigkeit v relativ zur Luft ist die Fluggeschwindigkeit, und das Produkt aus S und v ist die Leistung, d. h. die Arbeit, die pro Zeit verrichtet wird, damit die Kräfte ausgeglichen bleiben. Fast während des gesamten Fluges ist die aerodynamische Widerstandskraft W viel geringer als der Auftrieb L. Je kleiner der Quotient W/L ist, desto günstiger sind die Verhältnisse.

Die Leistung P ist das Produkt aus Kraft und Geschwindigkeit. Daher wird der Horizontalflug aufrechterhalten, wenn gilt $P = S\,v$. Dieser Zusammenhang zwischen Leistung P und Schubkraft S ist der gleiche wie beim Eisschnellauf und beim Vogelflug mit Flügelschlagen. Wollen wir mehr darüber wissen, wieviel Energie Vögel oder Flugzeuge brauchen, dann müssen wir den in Kapitel 2 eingeführten spezifischen Energieverbrauch betrachten. Er wurde in Gleichung 6 definiert als $K = P/(G\,v)$. Mit Hilfe von Abbildung 13 können wir diese Größe auf verschiedene Weise angeben. Mit der Beziehung $P = S\,v$ folgt

$$K = \frac{P}{G\,v} = \frac{S}{G} = \frac{W}{L}. \qquad (16)$$

Der Quotient aus der aerodynamischen Widerstandskraft W und dem Auftrieb L entspricht also dem spezifischen Energieverbrauch. Der Wellensittich, an dem Tucker seine Experimente vornahm, erreichte bei einer Geschwindigkeit von 11 m/s bzw. 40 km/h einen minimalen K-Wert von 0,22. Paragleiter und die meisten kleinen Vögel haben ähnliche Werte. Viel ökonomischer fliegen Möwen mit $K = 0{,}09$, Verkehrsflugzeuge mit $K = 0{,}07$ und Albatrosse mit $K = 0{,}05$. Extrem geringe K-Werte finden wir bei modernen Segelflugzeugen, die ohne weiteres $K = 0{,}025$ oder Werte unter 0,02 erreichen. Alle hier angegebenen Zahlen sind Minimalwerte. Ist die Geschwindigkeit größer oder kleiner als die optimale, so steigt der K-Wert.

Wenn man möglichst energiesparend fliegen will, muß man $K = W/L$, den Quotienten aus aerodynamischer Widerstandskraft und Auftrieb, minimieren. Diese Größe gibt sozusagen die aerodynamische Qualität an. Dabei ist es ein bißchen unpraktisch, daß der Zahlenwert kleiner wird, wenn die Qualität höher wird. Es gibt aber auch eine Kennzahl, die bei sinkendem spezifischem Energieverbrauch steigt und daher direkt die Qualität angibt. Man verwendet dazu den Kehrwert von K, nämlich die Gleitzahl F:

$$\frac{L}{W} = \frac{1}{K} = F \,. \qquad (17)$$

Der Buchstabe F geht auf die französische Bezeichnung *finesse* (Feinheit, Raffinesse) zurück. Ich halte sie für viel treffender als die Benennungen „Gleitzahl" oder „Gleitquotient", die – in der jeweiligen Übersetzung – in den anderen Ländern üblich sind.

Unser vielzitierter Wellensittich hat im günstigsten Fall die Gleitzahl $1/0{,}22 = 4{,}5$. Beim Albatros beträgt sie bis zu 20 und beim Jumbo mit normaler Reisegeschwindigkeit ungefähr 15. Hier kann sie aber auch höher sein (etwa 18), wenn das Flugzeug langsamer fliegt; allerdings arbeiten die Turbinen dann mit einem geringeren Wirkungsgrad. Moderne Segelflugzeuge erreichen ohne weiteres Werte von 40 bis 60. Die Gleitzahl ist bei einem Vogel oder einem Flugzeug um so höher, je schmaler die Flügel sind und je schlanker und stromlinienförmiger der Rumpf ist.

Die Feinheiten beim Gleiten

Wenn keine Schubkraft wirkt, kann bei einem Flugzeug die Balance zwischen den Kräften nicht aufrechterhalten werden, die den Horizontalflug ermöglicht. Dadurch wird es unweigerlich Höhe verlieren.

Beim Sinkflug wird ein neues Kräftegleichgewicht erreicht, bei dem die in Gleitrichtung verlaufende Komponente der Gewichtskraft G gleich der Widerstandskraft W wird; siehe Abbildung 14. Wie bei einem Fahrrad, das im Freilauf bergab rollt, rührt der Vortrieb von der Schwerkraft her. Der Auftrieb L und die aerodynamische Widerstandskraft W sind Komponenten der Kraft C, die die Gewichtskraft G ausgleicht. Wie beim Eisschnellauf und beim Vogelflug mit Flügelschlag ist das Kräfte-Dreieck länglich: Die aerodynamische Widerstandskraft W ist meist viel geringer als die Auftriebskraft L.

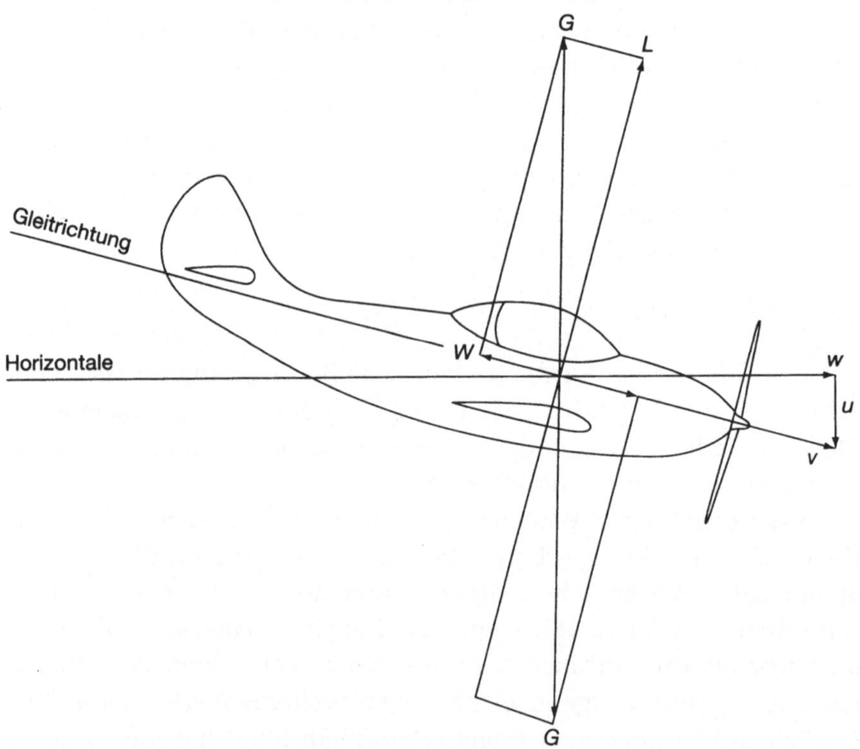

Abbildung 14: Die beim Gleitflug wirkenden Kräfte. Wenn das Triebwerk abgestellt ist, muß die aerodynamische Widerstandskraft W durch diejenige Komponente der Gewichtskraft G ausgeglichen werden, die entlang der Gleitrichtung wirkt. Wieder hat das Kräfte-Dreieck dieselben Proportionen wie das Geschwindigkeits-Dreieck, und es gilt $W/G = u/v$. Darin ist u die Sinkgeschwindigkeit und v die Fluggeschwindigkeit, d. h. die Geschwindigkeit relativ zur Luft, und zwar entlang der Gleitrichtung. Die von der Gewichtskraft pro Zeit verrichtete Arbeit ist gegeben durch $u\,G = W\,v$.

Das Kräfte- und das Geschwindigkeits-Dreieck in Abbildung 14 haben dieselben Proportionen. Daher ist der Quotient aus der Sinkgeschwindigkeit u und der Fluggeschwindigkeit v gleich dem Verhältnis von Widerstandskraft W und Gewichtskraft G:

$$\frac{u}{v} = \frac{W}{G}. \qquad (18)$$

Wie zuvor bei den Schlittschuhen oder bei den Flügelschlägen können wir umformen. Wir multiplizieren beide Seiten mit G und mit v. Das ergibt

$$G u = W v. \qquad (19)$$

Leistung ist ja Kraft mal Geschwindigkeit. Also wird die Leistung $P = W v$, die zum Überwinden des Luftwiderstands nötig ist, offensichtlich von der Leistung aufgebracht, die durch die große Gewichtskraft G entlang der Sinkrichtung mit der geringen Sinkgeschwindigkeit u bereitgestellt wird.

Die Ähnlichkeit von Kräfte- und Geschwindigkeits-Dreieck liefert uns weitere Informationen. Mit diesen können wir abschätzen, wie weit ein Flugzeug gleiten, d. h. ohne Antrieb fliegen kann. Wir bezeichnen die horizontale Komponente der Fluggeschwindigkeit mit w. Der Quotient aus w und der Sinkgeschwindigkeit u muß gleich dem Verhältnis der Auftriebskraft L zur aerodynamischen Widerstandskraft W sein. Der Quotient L/W ist jedoch nichts anderes als die Gleitzahl F. Daraus folgern wir: Die Gleitzahl – und nur sie, weil keine anderen als die genannten Kräfte beteiligt sind – ist ein Maß dafür, wie weit ein Vogel oder ein Flugzeug ohne Flügelschlagen bzw. ohne Schubkraft gleiten (segeln) kann. Genauer gesagt, gibt die Gleitzahl an, wie lang der Gleitflug pro Meter Höhenverlust ist:

$$F = \frac{L}{W} = \frac{w}{u}. \qquad (20)$$

Deshalb heißt die Gleitzahl manchmal Gleitquotient oder Gleitverhältnis. Wie erwähnt, haben große Flugzeuge Gleitzahlen um 15. Fallen ihre Turbinen beispielsweise in 10 km Höhe vollständig aus, dann können sie noch ungefähr 150 Kilometer weit gleiten. Eine Linienmaschine, die in den USA startete und in Amsterdam landen soll, beginnt ihren Sinkflug über den britischen Inseln, bevor die Nordsee überquert wird. Auf kürzeren Flügen, z. B. von Köln nach München, entfällt fast die halbe Flugzeit auf den Sinkflug. Wegen der langen

Schwarzbrauenalbatros (*Diomedea melanophris*): G = 38 N, A = 0,36 m², b = 2,2 m.

Gleitstrecke kann ein Flugzeug zumindest auf Flügen über den Kontinenten selbst bei einem (äußerst unwahrscheinlichen) Totalausfall der Triebwerke noch einen Flughafen erreichen. Zu jedem Zeitpunkt des Fluges ist es nämlich weniger als 150 Kilometer vom nächsten Flughafen entfernt. Das gilt auch für den größten Teil eines Transatlantikflugs.

Ein Segelflugzeug mit der Gleitzahl 40 kann pro Meter Höhenverlust 40 Meter weit kommen. Hat es beispielsweise noch 1200 Meter bis zum Flugplatz zurückzulegen, dann muß es theoretisch nur 30 Meter hoch sein. Das ist ziemlich dicht über den Baumwipfeln, kann also nicht als normale oder gar sichere Anflughöhe gelten. Der Pilot muß außerdem sehen können, wohin er fliegt, und da sind Bäume und Häuser zweifellos störend. Alle Segelflugzeuge haben Bremsklappen (Spoiler). Wenn diese ausgefahren sind, sinken sie schneller. Beim Endanflug, kurz vor dem Aufsetzen, ist die Gleitzahl 10 angemessen. Bei den Autos sollen die Spoiler nicht den Luftwiderstand erhöhen, sondern Wirbel am Heck und vor allem unerwünschten Auftrieb vermeiden, damit die Reifen bei schneller Fahrt eine bessere Bodenhaftung haben. Die Spoiler sind bei Autobahngeschwindigkeit aber nicht sehr wirksam, weil die aerodynamischen Kräfte hier noch zu gering sind.

Bei einem Segelflugzeug wird die Leistung $P = Wv$ benötigt, um die aerodynamische Widerstandskraft W zu überwinden. Sie wird gemäß Gleichung 19 aufgebracht durch die Leistung $P = Gu$. Das bedeutet, daß die Sinkgeschwindigkeit u als Maß für die Leistung dienen kann, die Triebwerk oder Flugmuskeln bereitstellen müssen, damit die Höhe gehalten wird:

$$u = \frac{P}{G}. \qquad (21)$$

Die Sinkgeschwindigkeit u ist demnach der Quotient aus der für den Horizontalflug nötigen Leistung P und der Gewichtskraft G. Man nennt den Quotienten P/G auch Leistungsgewicht. Rufen wir uns einige Werte aus Kapitel 2 in Erinnerung. Auf langen Flügen leisten die Flugmuskeln einen Vogels rund 100 Watt pro Kilogramm Muskelmasse. Diese Muskeln machen etwa 20 Prozent der Masse des Vogels aus. Somit entwickelt er 20 Watt pro Kilogramm Körpergewicht bzw. rund 2 Watt pro Newton Gewichtskraft seines Körpers. Nach Tabelle 2 ist ein Watt gleich einem Newton-Meter pro Sekunde. Gemäß Gleichung 21 folgt daraus, daß bei Vögeln mit einer Sinkgeschwindigkeit von über 2 m/s (bzw. 120 Meter pro Minute) die Flugmuskeln für längere Flüge nicht stark genug sind.

Das Große Gleitdiagramm

Wenn wir die Flugleistung beurteilen wollen, müssen wir nicht nur die Gleitzahl beachten, sondern auch gemäß Gleichung 21 die Sinkgeschwindigkeit u. Dazu tragen wir sie doppelt-logarithmisch gegen die Fluggeschwindigkeit v auf; siehe Abbildung 15. Der Gemeinplatz, daß ein Bild mehr als tausend Worte sagt, trifft nicht immer zu, aber ganz bestimmt hier. In diesem Diagramm können wir die Flugleistungen von Insekten, Vögeln und Flugzeugen direkt miteinander vergleichen.

Die Abbildung 15 läßt mancherlei erkennen. Nehmen wir uns zuerst die Vögel vor. Ein Fasan sinkt schneller als mit 4 m/s, doppelt so schnell wie mit der maximalen Sinkgeschwindigkeit, die wir eben berechnet haben. Ein Fasan kann nur minutenlang fliegen. Das reicht gerade mal, um einem Fuchs oder einem Jagdhund zu entkommen. Ein Wellensittich mit einer Sinkgeschwindigkeit von rund 2 m/s kann kontinuierlich fliegen, hat aber keine Leistungsreserven. Ein größerer Vogel mit einer ebenso schlechten Gleitzahl wie der Fasan hätte das Experiment in Tuckers Windkanal nicht lange durchgehalten. Ein Mauersegler dagegen hätte keinerlei Probleme. Er kann über längere Zeit 2 Watt pro Newton Körpergewicht aufbringen, braucht aber zum Aufrechterhalten des Horizontalflugs nur 0,7 Watt pro Newton; siehe Abbildung 15. Demnach hat er eine Reserve von 1,3 Watt pro Newton und kann 1,3 Meter pro Sekunde an Höhe gewinnen, ohne sich zu verausgaben. Wenn er sich ein paar Sekunden lang wirklich anstrengt, können seine Muskeln sogar eine 4mal höhere Leistung (8 Watt pro Newton) bieten. Weil nur 0,7 Watt pro Newton zum Halten der Höhe nötig sind, ist reichlich Leistung zum Steigflug verfügbar, und der

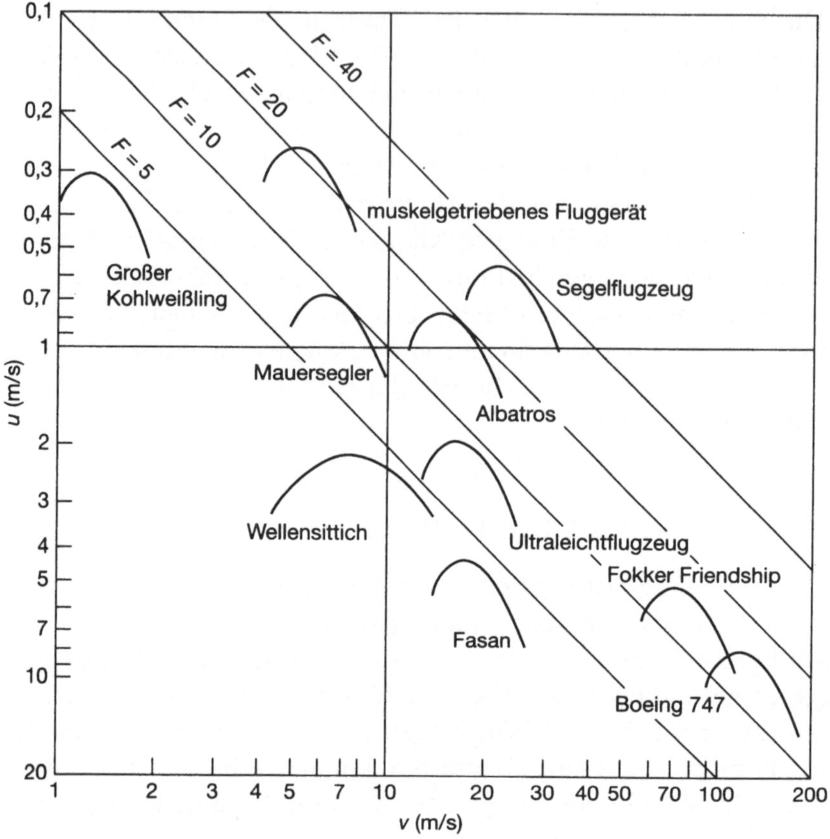

Abbildung 15: Das Große Gleitdiagramm. Hier ist die Sinkgeschwindigkeit u, nach unten zunehmend, aufgetragen gegen die Fluggeschwindigkeit v (die Geschwindigkeit relativ zur Luft). Beide Achsen sind logarithmisch skaliert. Jede der fallenden Geraden entspricht einer konstanten Gleitzahl. Die praktische Gleitgrenze liegt bei der Sinkgeschwindigkeit 1 m/s (waagerechte Gerade).

Mauersegler kann um 7,3 Meter pro Sekunde (das sind 440 Meter pro Minute) steigen. Dabei gewinnt er schneller an Höhe als manches kleine Flugzeug.

Die Fluggeschwindigkeit des Mauerseglers ist gleichermaßen beeindruckend. Mit seiner Dauerleistung von 2 Watt pro Newton Körpergewicht und seiner Gleitzahl 10 kann er bis zu 20 m/s (bzw. 72 km/h) schnell fliegen. Muß es einmal kurzzeitig ganz schnell gehen, kann er 4 Watt pro Newton einsetzen. Dazu legt er die Flügel hinten etwas zusammen, so daß seine Gleitzahl nur noch bei 7 liegt, und kann 28 m/s (oder 100 km/h) erreichen. Dabei erscheint er uns noch schneller, weil das menschliche Auge die Geschwindigkeit fliegender Objekte nach ihrer Größe beurteilt. Bei seiner Maximalgeschwindigkeit legt der Mauersegler rund 48 Flügelspannweiten pro Sekunde zurück. Ein Jumbo kommt nur auf 4 Spannweiten pro Sekunde.

Im allgemeinen müssen größere Vögel schneller fliegen als kleinere; das konnten wir der Abbildung 2 entnehmen. Bei gleicher aerodynamischer Qualität, d. h. bei derselben Gleitzahl, finden wir in Abbildung 15 die Vögel mit höherem Gewicht weiter rechts auf den abfallenden Geraden. Das bedeutet: Sie benötigen eine verhältnismäßig höhere Leistung, um sich in der Luft zu halten. Dabei gibt es zwangsläufig einen Wert, bei dem die Flugmuskeln nicht mehr stark genug sind. Wir nehmen diese Grenze zu 2 Watt pro Newton Körpergewicht an, entsprechend einer Sinkgeschwindigkeit von 2 Meter pro Sekunde. Weiterhin setzen wir die Gleitzahl 12 als in der Praxis maximal erreichbar an. Damit errechnen wir die höchste Fluggeschwindigkeit zu $2 \cdot 12 = 24$ m/s bzw. 86 km/h.

Die Fluggeschwindigkeit 24 m/s erfordert eine Flächenbelastung der Flügel von 220 N/m^2. Wenn sich die Werte eines Vogels mit dieser Geschwindigkeit nahe der Diagonalen in Abbildung 2 befinden, dann beträgt seine Gewichtskraft rund 100 Newton (entsprechend einer Masse von gut 10 Kilogramm). Diese Werte gelten beispielsweise für den Albatros. Mit seinen extrem schmalen Flügeln hat er die Gleitzahl 20; er kann jedoch nicht längere Zeit mit den Flügeln schlagen.

Schreikranich (*Grus americana*): G = 68 N, A = 0,6 m^2, b = 2,2 m.

Vögel, die das tun, können diese Werte nur erreichen, wenn die Flügel sehr groß sind. Dann sind sie aber eher zum Gleiten geeignet als zum Schlagen. So ist es kein Zufall, daß sehr große Vögel Spezialisten für den Gleitflug sind.

Für Flugzeuge mit Kolbenmotoren gibt es ebenfalls einen oberen Grenzwert. Ein mit Benzin betriebener Flugzeugmotor wiegt rund 1 kg pro Kilowatt Startleistung. Bei der Reisegeschwindigkeit wird etwa die Hälfte dieser Leistung benötigt. Die spezifische Flugleistung beträgt dann 500 Watt pro Kilogramm bzw. rund 50 Watt pro Newton Motorgewicht. Eine praktische Grenze für das Gewicht der Motoren liegt bei 20 Prozent des Gesamtgewichts des Flugzeugs. Dieser Wert ist übrigens vergleichbar mit dem Gewichtsanteil der Flugmuskulatur von Vögeln. Dann hat P/G den Wert 10 Watt pro Newton Flugzeuggewicht, und nach Gleichung 21 darf das Flugzeug um maximal 10 Meter pro Sekunde sinken. Wieder nehmen wir $F = 12$ als repräsentativen Wert für die Gleitzahl an und erhalten die Reisegeschwindigkeit 120 m/s bzw. 430 km/h. Nach Abbildung 2 sollte die Flächenbelastung der Flügel dann bei 5000 Newton pro Quadratmeter liegen. Ein normales Flugzeug mit dieser Flächenbelastung wiegt rund 10^6 Newton, hat also eine Masse von etwa 100 Tonnen. Wie auch Howard Hughes mit seiner *Spruce Goose* herausfand, kann ein Flugzeug mit Kolbenmotoren nicht schwerer sein. Man könnte die Triebwerke eines Jumbos daher nicht durch Benzinmotoren ersetzen. Die Flugzeugbauer verwenden möglichst Turbinentriebwerke, weil diese viel günstigere Leistungs/Gewichts-Verhältnisse haben als Kolbenmotoren. Außerdem ist ihr Brennstoffverbrauch bei genügend hoher Geschwindigkeit sehr viel geringer.

Wenn ein Vogel oder ein Flugzeug ohne Antrieb längere Zeit in der Luft bleiben will, muß seine Sinkgeschwindigkeit geringer sein als die Aufstiegsgeschwindigkeit in einer Thermik oder einer Aufwärtsströmung. Eine praktische Grenze ist hier die Sinkgeschwindigkeit 1 m/s; siehe Abbildung 15. Wellensittiche, Hühner, Rebhühner, Fasane und ähnliche Vögel müssen sich gar nicht erst bemühen, das Gleiten zu lernen, weil sie viel zu schnell sinken. Moderne Segelflugzeuge sinken mit nur rund 0,6 m/s (das sind 36 Meter pro Minute). Der Grund dafür sind ihre extrem schmalen Flügel; allerdings muß dabei ihre Außenhaut sehr glatt poliert sein. Albatrosse können ähnliches vollbringen: Ihre minimale Sinkgeschwindigkeit liegt bei 0,8 m/s; siehe Abbildung 15. Die Gleiter unter den großen Raubvögeln, der Steinadler und

Kleines Nachtpfauenauge (*Saturnia pyri*): $G = 0{,}02$ N, $A = 0{,}004$ m^2, $b = 0{,}1$ m.

der kalifornische Kondor, haben dagegen relativ breite Flügel, so daß ihre Fluggeschwindigkeit gering ist. Ihre Sinkgeschwindigkeit liegt zwar unterhalb des Limits von 1 m/s, jedoch ist ihre Gleitzahl bei weitem nicht so günstig wie die der Albatrosse.

Schmetterlinge müssen sich trotz ihrer Gleitzahl 4 beim Gleiten nicht um die aerodynamische Qualität sorgen. Die Flächenbelastung ihrer Flügel ist so gering, daß sie nur um 0,3 Meter pro Sekunde sinken. Am erstaunlichsten in Abbildung 15 ist eine Tatsache, die wir schon in Abbildung 2 gesehen hatten: Die mit menschlicher Muskelkraft angetriebenen Kleinflugzeuge wiegen mit Pilot ca. 100 Kilogramm, und dennoch sinken sie nicht schneller als der Große Kohlweißling, ein Schmetterling mit nur 0,15 Gramm Masse.

Verkehrte Welt

Es kommt uns merkwürdig vor, daß das langsamere Fliegen weniger ökonomisch ist. Bei allen anderen Arten der Fortbewegung (z. B. Schwimmen, Radfahren oder Autofahren) nimmt die Widerstandskraft mit dem Quadrat der Geschwindigkeit zu. Bei doppelter Geschwindigkeit ist sie also viermal so groß. Aber für alles, was fliegt, gibt es anscheinend eine optimale Geschwindigkeit, die durchaus recht hoch sein kann. Eine Boeing 747 fliegt viel schneller als ein Mauersegler, aber beide haben ungefähr dieselbe Gleitzahl. Wir können auch sagen, bezogen auf das Gewicht ist der Luftwiderstand des Jumbos nicht höher als der des Mauerseglers. Offensichtlich gibt es eine Komponente der aerodynamischen Widerstandskraft, die *abnimmt*, wenn die Geschwindigkeit steigt. Eine verkehrte Welt – und gerade deshalb ist es der Mühe wert, alles einmal auseinanderzuklamüsern.

Um in der Luft zu bleiben, muß ein Vogel der um seine Flügel strömenden Luft einen abwärts gerichteten Impuls geben. Dieser muß so groß sein, daß die Gewichtskraft des Vogels ausgeglichen wird. Nach dem zweiten Newtonschen Axiom oder Bewegungsgesetz ist die durch

Brauner Pelikan (*Pelecanus occidentalis*): $G = 30$ N, $A = 0{,}5$ m^2, $b = 2{,}2$ m.

eine solche Impulsübertragung hervorgerufene Kraft hier gleich dem Produkt aus der der Luft nach unten verliehenen Geschwindigkeit u und der pro Zeiteinheit um die Flügel strömenden Luftmasse; das ist der sogenannte Massenfluß q. Die Kraft C (vgl. Abbildung 12) ist dann

$$C = u\,q\,. \qquad (22)$$

Wieviel Luft strömt eigentlich pro Sekunde um die Flügel? Wie zuvor schreiben wir d für die Dichte der Luft, v für die Fluggeschwindigkeit und b für die Flügelspannweite. Für den Massenfluß q der Luft gilt näherungsweise

$$q = d\,v\,b^2\,. \qquad (23)$$

Diese Beziehung ist nicht ganz einfach zu begründen. Zwar sehen wir ohne weiteres ein, daß das Produkt aus der Dichte d (z. B. in kg/m^3) und dem Volumenfluß $v\,b^2$ (z. B. in m^3/s) tatsächlich ein Massenfluß ist (z. B. in kg/s). Aber woher rührt der Faktor b^2, das Quadrat der Spannweite? Die Flügelfläche A könnte ja auch ein geeigneter Kandidat sein. – Die Gleichung 23 besagt, daß die Flügel sozusagen ein großes Einflußgebiet haben, wenn es um die Impulsübertragung geht. Das bedeutet, sie beeinflussen die vorbeiströmende Luft nicht nur zwischen den beiden Flügelspitzen (d. h. auf der gesamten Spannweite), sondern auch darüber und darunter jeweils bis zu einem Abstand, der mit der Spannweite b vergleichbar ist. Mit Flügeln kann der Impuls daher sehr wirksam auf die entlangströmende Luft übertragen werden.

Jetzt brauchen wir nur noch zwei und zwei zusammenzuzählen. Wir kombinieren die Gleichungen 22 und 23. Dabei berücksichtigen wir, daß die Kraft C die Gewichtskraft G des Vogels ausgleichen muß. Wir erhalten

$$G = d\,u\,v\,b^2\,. \qquad (24)$$

Das lösen wir auf nach der Geschwindigkeit u, die der Luft nach unten verliehen wird:

$$u = \frac{G}{d\,v\,b^2}. \qquad (25)$$

Wir fühlen sofort wieder Boden unter den Füßen, denn wir wissen, daß die Leistung (Arbeit pro Zeit) gleich dem Produkt aus Kraft und Geschwindigkeit ist. Das muß natürlich auch hier so sein. Damit die aufwärts wirkende Kraft groß genug ist, um die Gewichtskraft G auszugleichen, muß für das Produkt aus der Kraft G und der Geschwindigkeit u gelten:

$$G\,u = P_\mathrm{i} = \frac{G^2}{d\,v\,b^2}. \qquad (26)$$

Diese „induzierte Leistung" P_i ist von den Flugmuskeln aufzubringen. Die Impulsübertragung an die umgebende Luft ist gleichbedeutend mit einem Anstieg der aerodynamischen Widerstandskraft W. Nach unserem inzwischen wohlbekannten Rezept (man nehme das Produkt $P = W\,v$) muß der induzierte Luftwiderstand W_i gleich dem Verhältnis der induzierten Leistung P_i zur Fluggeschwindigkeit v sein:

$$W_\mathrm{i} = \frac{P_\mathrm{i}}{v} = \frac{G^2}{d\,v^2\,b^2}. \qquad (27)$$

Jetzt wird es interessant. Das Quadrat der Geschwindigkeit steht hier im Nenner und nicht im Zähler des Bruches. Wenn also die Fluggeschwindigkeit (wie immer, relativ zur Luft) ansteigt, nimmt der induzierte Luftwiderstand stark ab. Fliegt der Vogel doppelt so schnell, dann sinkt demnach sein induzierter Luftwiderstand auf ein Viertel. Aber die Medaille hat eine Kehrseite, nämlich die erschreckende Tatsache, daß bei halber Fluggeschwindigkeit der induzierte Luftwiderstand viermal so hoch ist wie eigentlich nötig! Hier sehen wir wiederum, daß langsames Fliegen nicht ökonomisch ist. Wir verstehen nun, warum die günstigsten Geschwindigkeiten von Vögeln und auch Flugzeugen so hoch sind.

Aber das war noch nicht alles, denn Gleichung 27 hat weitere Überraschungen parat: Nicht nur das Quadrat der Geschwindigkeit v tritt im Nenner auf, sondern ebenso das Quadrat der Flügelspannweite b. Könnte man die Spannweite verdoppeln, würde man mit einem Viertel des induzierten Luftwiderstands belohnt. Es wäre nicht allzu übertrieben, daraus zu folgern, nur deshalb hätten die Vögel überhaupt Flügel. – Was machen eigentlich die Fallschirmspringer, bevor sie den Schirm öffnen? Sie gleiten sozusagen auf ihrem Rumpf. Dabei entsteht ein gewisser Auftrieb, jedoch gleichzeitig ein enorm hoher induzierter Luftwiderstand, so daß die Gleitzahl fürchterlich gering ist. Zum ökonomischen Fliegen müssen, wie gesagt, die Flügel schlank sein.

Wie drückt man die „Schlankheit" von Flügeln am besten aus? Hierfür kann man das Verhältnis zwischen Länge und Breite verwenden. Nun sind die Flügel nicht auf ihrer ganzen Länge gleich breit, sondern werden zu den Spitzen hin schmaler. Daher verwenden die Flugzeugingenieure den Quotienten aus dem Quadrat der Spannweite b und der Flügelfläche A. Diese Fläche ist gleich dem Produkt aus der Spannweite (von Spitze zu Spitze) und der mittleren Breite der Flügel. Daher ist b^2/A gleich dem Quotienten aus Spannweite und mittlerer Breite. Und genau dieses Verhältnis haben wir gesucht. Man nennt es Flügelstreckung, die wir hier mit R bezeichnen wollen:

$$R = \frac{b^2}{A}. \qquad (28)$$

Eine andere Benennung ist „Schlankheitsgrad". Sie ist eigentlich treffender, weil sie eher die Assoziation mit elegantem Fliegen nahelegt. Je höher der Wert für R ist, desto schlanker oder gestreckter sind die Flügel. Mit Hilfe der Gleichung 28 schreiben wir jetzt Gleichung 27 für den induzierten Luftwiderstand um:

$$W_\mathrm{i} = \frac{G^2}{d\,v^2 A R}. \qquad (29)$$

Hier erkennen wir wieder den Ausdruck $d\,v^2 A$, der uns schon in Kapitel 1 begegnet war. Dort hatten wir mit Gleichung 1 eine Näherung für den Zusammenhang zwischen Gewichtskraft G und Fluggeschwindigkeit v kennengelernt:

$$G = 0{,}3 \cdot d\,v^2 A.$$

Damit können wir den Ausdruck $d\,v^2 A$ in der Gleichung 29 ersetzen; außerdem dividieren wir durch G und erhalten schließlich

$$\frac{W_\mathrm{i}}{G} = \frac{0{,}3}{R}. \qquad (30)$$

Wie Gleichung 1 gilt diese Beziehung nur näherungsweise. Der hier mit 0,3 angenommene Koeffizient kann in Wirklichkeit Werte zwischen 0,2 und 0,4 annehmen – je nachdem, auf welchen Aspekt die Konstruktion des betreffenden Flugzeugs optimiert wurde. Bei Düsenverkehrsflugzeugen liegt dieser Koeffizient eher an der unteren Grenze, weil die Strahltriebwerke bei höheren Geschwindigkeiten ökonomischer arbeiten. Solche Feinheiten ändern aber nichts an der allgemeinen Schlußfolgerung, daß schmale Flügel einen geringen induzierten Luftwiderstand haben.

Sehen wir uns dazu ein paar Beispiele an. Eine Silbermöwe hat ziemlich schlanke Flügel, und die Flügelstreckung liegt bei 10. Nach Gleichung 30 ist dann $W_i/G = 0{,}03$. Würde die Silbermöwe allein den induzierten Luftwiderstand spüren, d. h. spielte die aerodynamische Reibungskraft von Rumpf und Flügeln keine Rolle, dann betrüge ihre Gleitzahl rund 30 (wegen $F = G/W = 1/0{,}03$). Eine Krähe hat recht kurze Flügel, und ihre Flügelstreckung ist 5. Wenn sie nur induzierten Luftwiderstand spürte, hätte sie die Gleitzahl 15. Beide Vögel – Silbermöwe und Krähe – müssen in der Realität auch die Luftreibung überwinden. Ihre tatsächlichen Gleitzahlen sind daher mit 10 bei der Möwe und 5 bei der Krähe deutlich kleiner. Dennoch bringt eine hohe Flügelstreckung tendenziell eine hohe Gleitzahl mit sich.

Wenn wir so weiterrechnen, dann glauben wir irgendwann, daß Flügel immer so schmal wie möglich sein müssen. Damit wären wir allerdings auf dem Holzweg. Die aerodynamische Reibung wirkt sich anders aus als der induzierte Luftwiderstand. Dieser *sinkt* ja proportional zum Quadrat der Fluggeschwindigkeit, während die Reibung im gleichen Maße *zunimmt*. Der gesamte Luftwiderstand W ist die Summe dieser beiden Größen. Er ist theoretisch minimal, wenn beide Beiträge gleich groß sind, d. h. wenn der induzierte Luftwiderstand gleich dem aerodynamischen Widerstand ist; siehe Abbildung 16.

Ein erster Blick auf Abbildung 16 kann leicht in die Irre führen. Wenn wir beispielsweise versuchen, den induzierten Luftwiderstand durch Erhöhen der Flügelstreckung bei konstanter Flügelfläche zu senken, dann verschiebt sich im Diagramm das Minimum nach links. Wenn die Geschwindigkeit sinkt, steigt jedoch nach Gleichung 29 der induzierte Luftwiderstand wieder an, so daß der durch die höhere Flügelstreckung erzielte Vorteil teilweise wieder zunichte gemacht wird.

Solche Feinheiten sind in Gleichung 30 leider nicht berücksichtigt. Wenn wir die Flügelstreckung erhöhen wollen, ohne dabei die Flug-

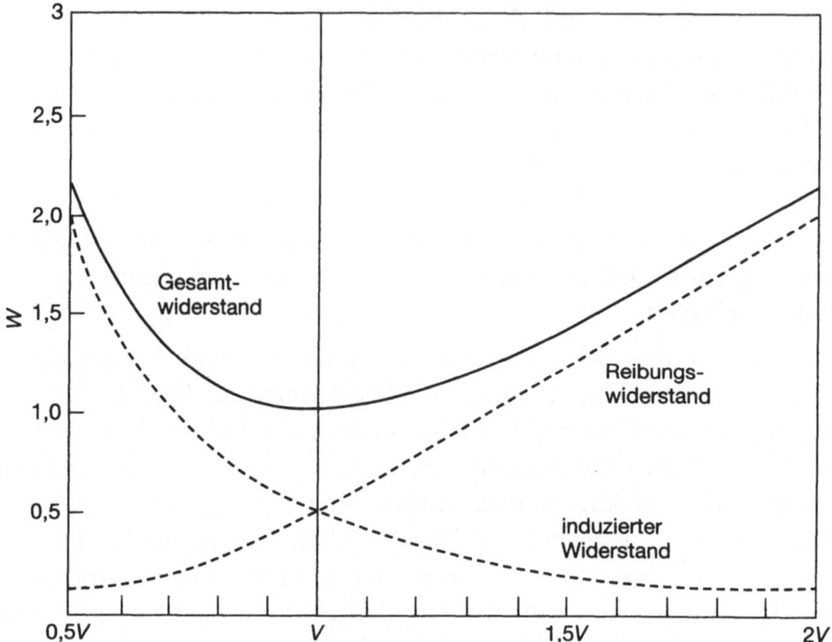

Abbildung 16:   Der gesamte aerodynamische Luftwiderstand W eines Vogels oder eines Flugzeugs in Abhängigkeit von der Geschwindigkeit. Hier ist V der Wert der Geschwindigkeit, bei dem W minimal ist. Der Reibungswiderstand der Luft steigt mit zunehmender Geschwindigkeit, während der induzierte Widerstand dabei sinkt. Der gesamte Widerstand ist minimal, wenn seine beiden Komponenten gleich groß sind. Die hier jeweils vorliegende Geschwindigkeit ist für den Vogel oder das Flugzeug optimal.

geschwindigkeit zu beeinflussen, so müssen wir gleichzeitig den Reibungswiderstand verringern. Dadurch verschiebt sich die optimale Geschwindigkeit in Abbildung 16 nach rechts. Die aerodynamische Reibung ist ausschließlich dadurch zu verringern, daß die Stromlinienform des Rumpfes und der Flügel verbessert wird, und zwar durch sanfte Ecken, glatte Oberflächen, keine lockeren oder abstehenden Federn, keine herabhängenden Füße; alles muß glatt und fest sein.

Umgekehrt hat es überhaupt keinen Sinn, auf schlanken Flügeln zu beharren, wenn keine Stromlinienform des Rumpfes zu realisieren ist. Haussperlinge (und Hanggleiter) haben einen relativ hohen aerodynamischen Reibungswiderstand. Zudem müssen ihre Flügel häufiges Zusammenfalten bzw. hohe Belastungen aushalten, weil unbeabsichtigte Zusammenstöße mit Hindernissen allzuoft vorkommen werden. Unter diesen Bedingungen hat eine Stromlinienform keine hohe

Priorität. Wenn der Reibungswiderstand zunimmt, dann verschiebt sich die optimale Geschwindigkeit gemäß Abbildung 16 nach links. Dabei sinkt zwar die Reibung, aber es steigt auch der induzierte Widerstand; doch das ist nicht günstig. Es ist viel besser, die mit dem betreffenden Design ursprünglich verknüpfte Geschwindigkeit beizubehalten und dabei hinzunehmen, daß die Flügel nicht schmal sein müssen, wenn der Reibungswiderstand relativ hoch ist.

Mit diesen Überlegungen im Hinterkopf schauen wir uns jetzt bei einer Reihe von Vögeln und Fluggeräten die Werte der Gleitzahl F und der Flügelstreckung R an. Einige Beispiele sind in Tabelle 5 aufgeführt. Zu dieser aufschlußreichen Zusammenstellung gäbe es einiges anzumerken, aber ich möchte mich hier auf die Flugzeuge beschränken.

Tabelle 5: Die Flügelstreckung R (berechnet nach $R = b^2/A$) und die Gleitzahl F einiger Vögel und Fluggeräte. Es sind außerdem die Gewichtskraft G, die Flügelfläche A und die Spannweite b angegeben. Die F-Werte wurden teils geschätzt und teils berechnet.

	G N	A m^2	b m	R	F
Haussperling	0,30	0,010	0,25	6	4
Mauersegler	0,36	0,016	0,42	11	10
Flußseeschwalbe	1,2	0,053	0,82	12	12
Turmfalke	2,2	0,07	0,75	9	9
Rabenkrähe	5,5	0,12	0,78	5	5
Bussard	8,0	0,22	1,25	7	10
Wanderfalke	8,1	0,13	1,05	9	10
Silbermöwe	11	0,21	1,43	10	11
Graureiher	14	0,36	1,70	8	9
Weißstorch	30	0,49	1,90	8	10
Wanderalbatros	87	0,62	3,10	19	20
Hanggleiter	1000	15	10	7	8
Paragleiter	1000	25	8	2,6	4
Paragleiter mit Antrieb	1700	35	10	2,7	4
Ultraleichtflugzeug	2000	15	10	7	8
Segelflugzeug					
Standard-Klasse	3500	10,5	15	21	40
offene Klasse	5500	16,3	25	38	60
Fokker F-50	$19 \cdot 10^4$	70	29	12	16
Boeing 747	$36 \cdot 10^5$	511	60	7	15

Bei den Segelflugzeugen gibt es die offene und die Standard-Klasse. Beide unterscheiden sich deutlich voneinander. In der Standard-Klasse ist die Flügelspannweite mit 15 Meter vorgeschrieben. Wäre sie frei zu wählen, könnte derjenige, der Flügel mit größerer Spannweite bauen kann, eine bessere Gleitzahl erzielen. Die Begrenzung der Spannweite läuft ja auf eine Obergrenze der Gleitzahl hinaus. Daher existieren bei den Wettkampfregeln in der Standard-Klasse keinerlei Handicap-Regeln. Die Flügelstreckungen betragen hier ungefähr 20, wie bei den Albatrossen.

In der offenen Klasse versuchen die Konstrukteure, extrem hohe Flügelstreckungen zu realisieren. Das ist nicht einfach. Außerdem haben Flügelstreckungen um 40 nur Sinn, wenn die Oberflächen von Flügeln, Rumpf und Leitwerk völlig glatt sind. Dazu muß jede Naht und jeder Riß sorgfältig abgedeckt werden. Die Flügelsparren müssen enormen Biegekräften standhalten, ohne stark nachzugeben. Das führt zu einem hohen Gewicht, wenn die Konstruktion stabil sein soll. Das Leergewicht eines Segelflugzeugs beträgt in der Standard-Klasse ungefähr 250 Kilogramm und in der offenen Klasse etwa 450 Kilogramm. Trotzdem ist es verlockend, die Flügelstreckung zu erhöhen.

Die neueste Version des Jumbos ist die Boeing 747-400. Ihre Flügelspannweite ist um 5 Meter größer als beim Vorgängermodell (65 statt 60 Meter). Die Flügelfläche wurde von 511 auf 530 Quadratmeter vergrößert. Damit stieg die Flügelstreckung von 7 auf 8, und der induzierte Luftwiderstand wurde um etwa 13 Prozent verringert; vgl. Gleichung 29. Bei einem Verkehrsflugzeug macht der induzierte Widerstand nur ein Drittel des gesamten Luftwiderstands aus. Also konnte der Gesamtwiderstand um ca. 4 Prozent herabgesetzt werden. Boeings Ingenieure können zu Recht behaupten, daß sie mit Hilfe der größeren Flügel einen um 3 Prozent niedrigeren Treibstoffverbrauch erzielten. Die neu gestalteten, auffälligen Flügelspitzen erhöhen ein wenig die wirksame Flügelspannweite und senken damit den induzierten Widerstand noch weiter.

Bussarde, Adler, Geier, Weihen und andere Raubvögel verbringen viel Zeit mit dem Gleiten und dem Aufwärtsfliegen in Thermiken. Die Flächenbelastung ihrer Flügel ist relativ gering, so daß ihre Fluggeschwindigkeit klein ist; damit haben sie auch eine geringe Sinkgeschwindigkeit (unter einem Meter pro Sekunde). Dazu benötigen sie noch nicht einmal eine extrem hohe Gleitzahl. Die typische Flügelstreckung solcher Vögel liegt bei 7. Die Gleitzahl beträgt 10 und ist

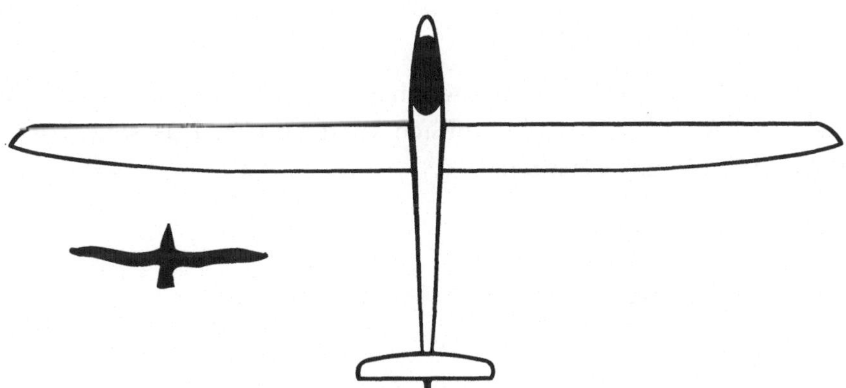

Abbildung 17: Ein Wanderalbatros (*Diomedea exulans*, Spannweite 3,1 m) und ein Segelflugzeug der Standard-Klasse (Schleicher A K-5, Spannweite 15 m) im gleichen Maßstab. Beide haben ungefähr die Flügelstreckung 20.

damit höher als erwartet. Einige Forscher vermuteten, daß die abgespreizten Hauptfedern an den Flügelspitzen mit großen Lücken zwischen ihnen (siehe Abbildung 18) einen ähnlichen Effekt haben wie eine vergrößerte Spannweite. Nähere Berechnungen zu diesem Aspekt haben noch keine endgültigen Ergebnisse erbracht.

Der Schwebeflug von Kolibris und anderen

Kolibris und viele Insekten saugen Nektar aus Blüten, während sie in der Luft schweben. Im Vergleich zum Vorwärtsflug wird dabei recht viel Energie verbraucht. Gleichung 26 läßt erwarten, daß die induzierte Leistung P_i über alle Maßen ansteigt, wenn die Vorwärtsgeschwindigkeit v praktisch null wird. Natürlich ist das nicht ganz so; wir müssen noch ein bißchen rechnen, um das Rätsel zu lösen.

Wir berücksichtigen wie vorhin das Prinzip, daß eine Kraft gleich dem Produkt aus einer durch einen Körper übertragenen Geschwindigkeit und einem Massenfluß ist. Der von den summenden Flügeln eines Kolibris erzeugte Massenfluß der Luft entspricht etwa einem Viertel des Wertes des Ausdrucks $d\,u\,b^2$. Hier ist u die abwärts gerichtete Geschwindigkeit im Luftstrom, der den Vogel oben hält. Vergleichen wir das einmal mit Gleichung 23, in der die Fluggeschwindigkeit v dieselbe Rolle spielt wie hier die Geschwindigkeit u. Der durch die Impulsübertragung auf den Luftstrom erzeugte aerodynamische Auftrieb ist gegeben durch

$$L = G = 0{,}25 \cdot d\, u^2\, b^2 \,. \qquad (31)$$

Kolibris und die meisten Insekten haben keine besonders schmalen Flügel, und $R = b^2/A$ hat gewöhnlich Werte um 6. Das setzen wir in Gleichung 31 ein und erhalten

$$G = 1{,}5 \cdot d\, u^2 A \,. \qquad (32)$$

Wieder brauchen wir Gleichung 1; sie lautet

$$G = 0{,}3 \cdot d\, v^2 A \,.$$

Der Luftstrom, durch den sich der Vogel oder das Insekt in der Schwebe hält, hat die Abwärtsgeschwindigkeit u. Diese vergleichen wir nun anhand der vorstehenden Ausdrücke mit der nominellen Fluggeschwindigkeit v und erhalten

$$u = 0{,}45 \cdot v \,. \qquad (33)$$

Damit wird klar, warum Kolibris sowie Wespen, Bienen und Käfer im Großen Flugdiagramm (siehe Abbildung 2) allesamt mit Fluggeschwindigkeiten um 7 m/s eingezeichnet sind. Wenn wir diesen Wert für v in Gleichung 33 einsetzen, erhalten wir eine vertikale Geschwindigkeit u von rund 3 Meter pro Sekunde.

Wir haben Ausdrücke wie in Gleichung 33 schon weiter oben gesehen. Die Sinkgeschwindigkeit eines gleitenden Vogels ist ein Maß für seine spezifische Leistung P/G, die er für den Horizontalflug benötigt; siehe Gleichung 21. Für schwebende Vögel und Insekten spielt die Geschwindigkeit des von den Flügeln erzeugten, abwärts gerichteten Luftstroms genau dieselbe Rolle.

Jetzt atmen wir fast auf, denn nun können wir Schlußfolgerungen ziehen. Die von den Flugmuskeln kontinuierlich abzugebende Leistung

Ordensband (*Catocala fraxini*): $G = 0{,}012$ N, $A = 0{,}0027$ m^2, $b = 0{,}08$ m.

liegt bei 100 Watt pro Kilogramm Muskelmasse. Die Flugmuskeln machen bei schwebenden Vögeln und Insekten etwa 30 Prozent der Gesamtmasse aus. Daher beträgt die spezifische Leistungsabgabe 30 Watt pro Kilogramm Körpermasse oder 3 Watt pro Newton der Gewichtskraft des Körpers. Nun ist ein Watt pro Newton nichts anderes als ein Meter pro Sekunde. Bei voller Leistung können Kolibris sowie Bienen und ähnliche Insekten einen Luftstrom erzeugen, der eine Geschwindigkeit von rund 3 m/s hat. Damit halten sie sich in der Luft.

Und genau das haben wir eben auf anderem Wege (mit Gleichung 30) auch berechnet. Mit anderen Worten: Die Flugmuskeln von Kolibris und schwebenden Insekten arbeiten kontinuierlich mit hoher Leistung. Die in Abbildung 2 aufgetragene Fluggeschwindigkeit von 7 m/s für Kolibris, Bienen, Wespen und Käfer gibt also nicht die „normale Reisegeschwindigkeit" an. Vielmehr steht der Wert 7 m/s für die Größenordnung der Geschwindigkeit (3 m/s), die sie dem Luftstrom unter ihren summenden Flügeln verleihen können. Sie können allerdings kurzzeitig auch schneller fliegen.

Kolibris sind fähig, die ganze Zeit mit voller Leistung zu fliegen, denn die Impulsübertragung auf die umgebende Luft ist sehr an-

Rohrweihe (*Circus aeruginosus*): $G = 7\,\mathrm{N}$, $A = 0{,}22\,\mathrm{m}^2$, $b = 1{,}35\,\mathrm{m}$.

strengend, wenn die Vorwärtsgeschwindigkeit null ist. Das gleiche gilt für Hubschrauber: Sie können mit etwas geringerer Leistung fliegen, wenn ihre Vorwärtsgeschwindigkeit hoch genug ist. Beim Vorwärtsflug ist es viel einfacher, den nötigen Impuls auf die Luft zu übertragen.

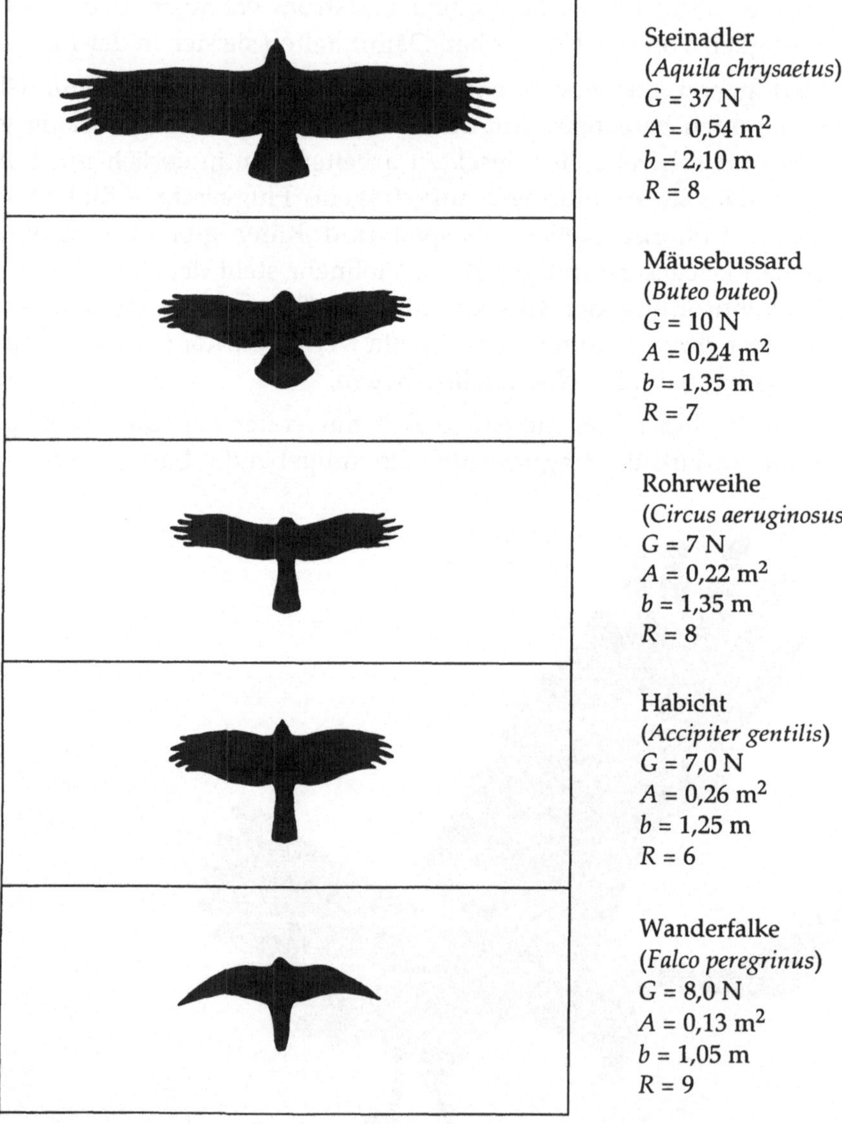

Abbildung 18:   Die Silhouetten einiger Raubvögel im gleichen Maßstab. Alle hier gezeigten Vögel außer dem Wanderfalken (der höhere Geschwindigkeiten erreicht) können besonders gut bei geringen Geschwindigkeiten gleiten.

Stockente (*Anas platyrhynchos*): G = 11 N, A = 0,093 m², b = 0,9 m.

Was bedeutet das für größere Vögel? Können nicht viele Entenarten praktisch senkrecht starten und landen? Die Flügel einer Stockente (*Anas platyrhynchos*) haben eine Flächenbelastung von rund 120 N/m². Das entspricht einer Fluggeschwindigkeit von etwa 18 m/s. Beim vertikalen Start muß der Vogel einen nach unten gerichteten Luftstrom mit ca. 8 m/s erzeugen. Das wurde nach der Gleichung 33 berechnet: 0,45, multipliziert mit 18 m/s. Also benötigt die Stockente zum Senkrechtstart eine spezifische Leistung von 8 Watt pro Newton Gewichtskraft ihres Körpers. Diese Leistung kann nur für einige Sekunden aufgebracht werden, denn sie ist viermal so groß wie die Leistung, die ihre Flugmuskeln kontinuierlich abgeben können. Nach dem Senkrechtstart wird die Ente daher so bald wie möglich zum normalen Vorwärtsflug übergehen.

Jetzt wird uns klar, warum die größten Kolibris so viel kleiner sind als die größten Vögel. Bei ihrem Flugverhalten können die Kolibris nicht schwerer als ca. 20 Gramm sein. Dagegen gibt es „normal fliegende" Vögel, die bis zu 10 Kilogramm wiegen. Wir lernen daraus, daß der Schwebeflug unökonomisch ist – übrigens auch beim Hubschrauber, wie wir gesehen haben.

Wieviel Nahrung braucht so ein kleiner Kolibri wohl täglich, um seine verschwenderische Flugweise durchzuhalten? Zucker enthält wie Honig pro Gramm 14 Kilojoule (siehe Tabelle 3). Blütennektar besteht zur Hälfte aus Wasser und aus verschiedenen Zuckern. Also liefert er pro Gramm 7 Kilojoule. Der Wirkungsgrad bei der Verdauung liegt bei 25 Prozent. Somit kann der Kolibri aus einem Gramm Nektar knapp 2 Kilojoule an mechanischer Energie gewinnen.

Und welche Leistung muß er bringen? Die auf den abwärts gerichteten Luftstrom übertragene Energie beträgt pro Sekunde $G\,u$ Joule, wenn G in N und u in m/s eingesetzt werden. Es sei $u = 3$ m/s, und der mit voller Leistung seiner Flugmuskeln fliegende Kolibri wiege 3 Gramm. Dann verrichtet er pro Sekunde eine mechanische Arbeit von 0,09 Joule. Ein Joule pro Sekunde ist ein Watt, so daß die Leistung 0,09 Watt beträgt. In einer Stunde, die ja 3 600 Sekunden hat, ergibt das eine Arbeit bzw. Energie von 320 Joule. Aus einem Gramm Nektar erhält der Kolibri 2 000 Joule; damit kann er gut 6 Stunden Schwebeflug durchhalten.

Ein 3 Gramm schwerer Kolibri muß daher in jeweils 18 Stunden eine Menge Nektar aufnehmen, die genausoviel wiegt wie er selbst! Hoffen wir, daß er sich wenigstens in der Nacht ein bißchen ausruhen kann, sonst bräuchte er pro Tag mehr als sein eigenes Körpergewicht an Nektar. Ein so verschwenderischer Umgang mit Energie ist eigentlich nur in den tropischen Regenwäldern möglich, wo ständig die verschiedensten Pflanzen blühen und alles im Überfluß vorhanden ist.

Angesichts des hohen Brennstoffverbrauchs der Kolibris wundert es uns noch mehr, daß einige Kolibri-Arten so weite Strecken überwinden können. Der Rubinkehlkolibri zieht in jedem Herbst von den USA nach Mittelamerika, wobei er den Golf von Mexiko überquert. Im Frühling fliegt er dieselbe Strecke zurück. Er braucht für den 800 Kilometer langen Flug über das Meer ungefähr 30 Stunden (bei einer Durch-

Papageitaucher (*Fratercula arctica*): $G = 2{,}7$ N, $A = 0{,}035$ m^2, $b = 0{,}56$ m.

schnittsgeschwindigkeit von 27 km/h). Ich kann mir nicht vorstellen, wie er das schafft. Ich glaube fast, daß er auf langen Flügen seine Muskeln darauf umstellen kann, Fett anstatt Zucker zu verbrennen. Trotzdem staune ich immer noch, wie der kleine Vogel eine solche Leistung allein mit Wasser und Zucker vollbringt – auch wenn er schlau genug ist, mit seiner Reise auf günstigen Rückenwind zu warten.

Wenn etwas (außer den Flügeln natürlich) kennzeichnend ist für alles, was fliegt, dann ist es wohl der hohe Energieverbrauch. Wir hatten ja schon gesagt, daß Fliegen harte Arbeit ist. Man könnte die Möwen als Hafenarbeiter und die Schwalben als Bauarbeiter bezeichnen. Die Wildgänse wären dann die Fernfahrer und die Tauben die Postboten. Ein arbeitsames Völkchen.

Und doch bleibt immer noch Zeit für kleine Spielchen. Brieftauben drehen manche Runde über dem Dach ihres Schlages, um in Form zu bleiben. Ihre Sturzflüge und Loopings müssen etwas mit dem Spaß am Fliegen zu tun haben. Und auch Lerchen können das Fliegen kaum als lauter Mühsal empfinden, wenn sie über den Feldern allerlei Kunststückchen zeigen. Aber vor allem die Spezies Mensch gibt sich mit Spielen ab, und sie treibt Sport; der Flugsport wird im folgenden Kapitel unser Thema sein.

Gossamer-Albatross: $G = 940$ N, $A = 70$ m^2, $b = 29$ m.

5 Fluggeräte für den Zeitvertreib

Zu den hervorstechenden Merkmalen der Spezies Mensch zählt, daß sie gern spielt. Wir umgeben uns mit Spielzeugen der verschiedensten Art und beschäftigen uns ein Leben lang mit ihnen.

Zu den fliegenden Spielzeugen gehören Papierflieger (wie sie wohl jedes Kind schon mal gefaltet hat), Drachen (von ganz einfachen bis zu exotischen Modellen), Bumerangs, Frisbee-Scheiben, federgetriebene Spielzeugvögel und funkgesteuerte Modellflugzeuge. Nicht mehr als Spielzeuge sind die Fluggeräte mit voller Größe anzusehen: Heißluftballons, kleine Luftschiffe, Hanggleiter, Ultraleichtflugzeuge und Segelflugzeuge. Damit ist die ganze Vielfalt noch nicht erschöpft, denn es gibt auch Kleinflugzeuge, die entweder mit Muskelkraft oder mit Strom aus Solarzellen angetrieben werden.

Wir entwickeln eine ungeahnte Phantasie, wenn wir an unseren Spielgeräten herumbasteln oder ihre Konstruktion verbessern. Unsere Vorstellungskraft und unsere Leidenschaft zu experimentieren führen zu immer gewagteren Entwürfen, aber auch zu technischen Verbesserungen.

Bis in die Mitte der 70er Jahre hatten die Segelflugzeuge Gleitzahlen um 40 und Sinkgeschwindigkeiten um 0,6 Meter pro Sekunde (das sind 36 Meter pro Minute). Man sollte meinen, daß selbst die fanatischsten Segelflieger damit zufrieden sein müßten. Es war schon ein gehöriger Aufwand zu treiben, um diese Flugleistungen zu erzielen und beizubehalten: Jedes Wochenende begann mit stundenlangem Reinigen und Polieren der Oberflächen, und nach jedem Flug mußten die Insektenleichen von der Kabine und den Flügelvorderkanten sorgfältig entfernt werden. Damit die Gleitzahl nicht drastisch fällt, müssen alle Oberflächen völlig glatt und sauber sein. Die Ingenieure sahen zu jener Zeit keinen großen Spielraum für weitere Verbesserungen. Die Entwicklung ausgefeilterer Tragflächenprofile erforderte umfangreiche Computersimulationen und teure Experimente im Windkanal. Außerdem waren größere Flügelspannweiten mit den damals verfügbaren Materialien nicht realisierbar.

Das Problem der Windkanal-Experimente war allerdings nicht so schwierig zu lösen, wie es zunächst schien. Man mußte sich nur an die richtigen Profis wenden. Sie sind ebenso begeisterte Flieger wie die

Amateure und setzen gern ihre Freizeit ein, um die nötigen Experimente und Berechnungen anzustellen. Beispielsweise gehört das bei Wettbewerben oft anzutreffende deutsche Segelflugzeug Schleicher ASW-22B zur offenen Klasse. Seine Gleitzahl hat den hohen Wert 60. Die raffinierte Konstruktion seiner Flügelspitzen wurde im Institut für Luft- und Raumfahrttechnik an der Technischen Universität Delft vervollkommnet, an dem ich übrigens vor etlichen Jahren studiert habe.

Der große Durchbruch bei der Konstruktion von Segelflugzeugen wurde in den 80er Jahren erzielt, als neue Werkstoffe aufkamen. Hierzu zählen vor allem Fasern aus Graphit, Aramid (Polyamid) oder Kevlar (eine nylonähnliche Substanz), außerdem Schaumstoffe, die eine leichte Sandwich-Konstruktion ermöglichen, und schließlich Klebstoffe, die den hohen mechanischen Spannungen standhalten. Zwar erforderten die Verarbeitung und der Einsatz der Werkstoffe noch umfangreiche Entwicklungsarbeiten, aber dann konnten sich die Ingenieure so richtig austoben. Bei den Segelflugzeugen – und überhaupt bei Flugzeugen – stört jedes noch so geringe überflüssige Gewicht. Also nutzte man die neuen Chancen in allen Bereichen eifrig aus. Bei der Boeing 747-400 konnte man dank der neuen Materialien und Konstruktionsprinzipien rund 3,5 Tonnen Gewicht einsparen. Wenn ein Luftfrachtunternehmen dadurch eine zusätzliche Palette mit Fracht befördern kann, erlöst es auf jedem Transatlantikflug fast 15 000 DM mehr – ohne irgendwelchen weiteren Aufwand.

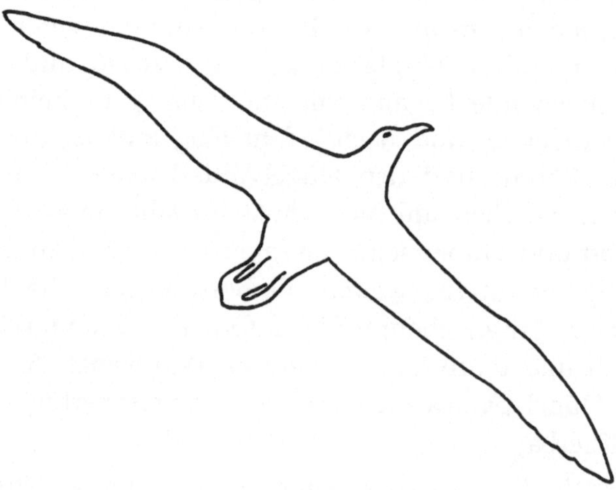

Wanderalbatros (*Diomedea exulans*): G = 87 N, A = 0,62 m^2, b = 3,1 m.

Questair Venture: $G = 8\,000$ N, $A = 6{,}76$ m², $b = 8{,}4$ m, $P = 224$ kW.

Aber auch Spielzeughersteller und Hobbyflieger profitierten von den neuen Möglichkeiten des Raumfahrtzeitalters. Es gibt inzwischen Flügeldrachen, die ganz aus Graphitfaser-Werkstoff bestehen. Heutzutage haben viele größere Drachen Segelflächen aus Dacron (eine tetlonähnliche Substanz) und ein Seil aus Kevlar. Die Flügelsparren der mit Muskelkraft getriebenen Kleinflugzeuge stellt man heute aus Aramidfasern her, und fast alle Segelflugzeuge enthalten Bauteile, deren Verbundwerkstoffe im Vakuum konfektioniert wurden. So erzielt man bei minimalem Gewicht eine hohe Steifigkeit der Konstruktion.

Durch die neue Bauweise haben die besten Wettkampf-Segelflugzeuge heute bei Flügelspannweiten von 25 m Gleitzahlen um 60 und Sinkgeschwindigkeiten von nur 0,4 m/s (bzw. 24 Meter pro Minute). Ihre Gleitzahl ist sogar dreimal so hoch wie die der Albatrosse – und die sind unter den Vögeln die unübertroffenen Meister im Segeln. Die modernen Segelflugzeuge haben eine nur halb so große Sinkgeschwindigkeit wie die Mauersegler und Schwalben, obwohl diese (wesentlich leichteren) Vögel eine viel kleinere Flächenbelastung der Flügel und eine geringere Fluggeschwindigkeit haben.

Die Wettkampfausführungen der Segelflugzeuge in der offenen Klasse sind so leistungsfähig, daß sie sogar einen Wasserballast von 200 Litern mitführen können. Die Flugzeugbauer sparen an Gewicht, wo sie nur können – und dann wird Ballast geladen! Warum das denn? Wie wir in Kapitel 4 gesehen haben, wird die Reichweite durch die

Gleitzahl bestimmt. Diese hängt ihrerseits von der Stromlinienform, von der Glattheit der Oberflächen und von der Flügelstreckung ab, jedoch *nicht* von der Flächenbelastung der Flügel. Je schwerer ein ansonsten unverändertes Segelflugzeug ist, desto schneller wird es (bei gleicher Gleitzahl) fliegen.

Wenn ein Segelflieger es eilig hat, dann wird er viel Ballast laden. Aber dafür muß er ein (einziges) Opfer bringen: Seine Sinkgeschwindigkeit wird etwas höher sein. Sie ist aber bei einem guten Segelflugzeug ohnehin extrem gering, so daß dieser Nachteil nicht viel ausmacht. Entgegen allen Prinzipien des Flugzeugbaus, die wir eben noch so hochgehalten haben, wird der Pilot sein Segelflugzeug also schwerer machen, als es eigentlich sein müßte. Um den Wettflug auch wirklich zu gewinnen, wird er den Ballast so anbringen, daß er ihn unterwegs verringern kann, wenn die Aufwinde schwächer als erwartet sind. Wasser ist als Ballast hervorragend geeignet: Es kann gut dosiert abgelassen werden, und schlimmstenfalls bekommt ein unschuldiger Zuschauer eine kleine Dusche, mit der er nicht gerechnet hat.

Die Hobbyflieger beschäftigen sich mit den unterschiedlichsten Fluggeräten, darunter recht extremen Konstruktionen. An einem Ende der Skala stehen die kleinen Modelle, die man auch in der Halle fliegen lassen kann. Sie sind extrem langsam, haben Gleitzahlen unter 10 und sehr geringe Sinkgeschwindigkeiten. Ihre Flächenbelastung liegt bei nur $0,1\,\mathrm{N/m^2}$ (sie ist bei einem kleinen Schmetterling 10mal höher).

Die größeren solcher Modelle haben rund 0,9 Meter Spannweite und 0,1 Quadratmeter (bzw. 1000 Quadratzentimeter) Flügelfläche. Sie wiegen etwa 2 Gramm, weniger als ein Stück Würfelzucker. Die Hälfte des Gewichts entfällt auf ein straff gewundenes Gummiband, das einen sehr großen, leichten und langsam rotierenden Propeller antreibt. In großen Sporthallen können solche Modelle bis zu 45 Minuten lang in der Luft bleiben. Sie fliegen gemächlich, mit nur einem halben Meter pro Sekunde. Wenn der Propeller nicht mehr rotiert, verliert das leichte Gebilde pro Sekunde rund 5 Zentimeter an Höhe; mancher Schmetterling, z. B. der Große Kohlweißling, sinkt sechsmal schneller.

Am anderen Ende des Spektrums der Hobby-Fluggeräte stehen die Sportflugzeuge, die speziell für Wettflüge konzipiert sind. Die Questair Venture, ein in den USA verbreitetes Modell für Kunstflüge, kann man auch als Bausatz kaufen. Sie hat einen Porsche-Motor mit 224 Kilowatt Leistung. Die Höchstgeschwindigkeit liegt bei 460 km/h, und die Flügelfläche beträgt weniger als 7 Quadratmeter. Fast ein Drittel des Startgewichts entfällt auf den Motor. Wenn der Pilot Vollgas gibt, muß er gut aufpassen, denn die Beschleunigung des Motors ist enorm hoch. Es kann beim Starten sogar passieren, daß das Drehmoment des Motors das ganze Flugzeug zum Kippen bringt.

Ein Sportwagen mit einem 300-PS- bzw. 220-kW-Motor hat eine Höchstgeschwindigkeit von rund 260 km/h. Ein Sportflugzeug mit demselben Motor ist fast doppelt so schnell. Wenn Sie dem Geschwindigkeitsrausch wirklich verfallen sind, steigen Sie besser gleich ins Flugzeug (und lassen die anderen Autofahrer leben).

Um Flugspaß zu erleben, braucht man nicht unbedingt einen Flugzeugmotor mit ein paar hundert PS. Rund 30 PS (bzw. 22 Kilowatt) tun es auch schon. Das können Sie auf jedem kleinen Flugplatz sehen: Merkwürdige Gebilde, die von Stahlseilen zusammengehalten werden und mit Nylongewebe bespannt sind. Sie sehen aus wie Hanggleiter, an die man ein dreirädriges Fahrwerk und einen Rasenmähermotor angebaut hat. Wollen Sie mit einem Hanggleiter fliegen, dann müssen Sie einen Abhang aufsuchen und starken Wind abwarten. Aber mit einem Ultraleichtflugzeug können Sie starten und landen, wann und wo immer es Ihnen beliebt – auch bei Windstille und in flachem Gelände.

Wollen Sie Ihr eigenes Ultraleichtflugzeug konstruieren? Nehmen wir an, Sie wiegen 70 Kilogramm. Wir veranschlagen 40 Kilogramm für die Flügel und 30 Kilogramm für Motor und Propeller. Insgesamt einige Dutzend Kilogramm kommen zusammen für Drähte, Seile, Leitungen, Rahmen, Räder und einen kleinen Treibstofftank. Das ergibt zusammen etwa 200 Kilogramm.

Sie wollen beispielsweise mit 60 km/h (bzw. 17 m/s) fliegen. Nun ziehen Sie die Gleichung 2 zu Rate und wissen daraufhin, daß die Flächenbelastung der Flügel bei 106 N/m² liegen muß. Mit der gesamten Gewichtskraft 2000 Newton ergibt sich daraus die nötige Flügelfläche zu 19 m².

Jetzt schauen Sie in Abbildung 15 nach: Die Gleitzahl 8 scheint ausreichend zu sein. Sie brauchen gar nicht erst zu versuchen, eine Stromlinienform zu realisieren. Bei der Fluggeschwindigkeit 17 m/s und mit der Gleitzahl 8 wird Ihr Ultraleichtflugzeug etwas schneller als mit 2 m/s sinken (siehe Gleichung 20 in Kapitel 4). Mit diesem Wert berechnen Sie nun, welche Leistung P der Motor abgeben muß, damit das Ding (mit Ihnen, wohlgemerkt) oben bleiben kann. Nach der Gleichung 21 gilt $u = P/G$. Mit $G = 2000$ N und $u = 2$ m/s errechnen Sie $P = 4000$ Watt.

Abbildung 19:   Ultraleichtflugzeuge (sogenannte *Microlights*);
Quelle: *Scientific American*, Juli 1982.

Aber das reicht noch nicht, denn Sie wollen ja nicht nur horizontal fliegen, sondern müssen erst einmal Höhe gewinnen, sagen wir, mit 3 m/s. Das erfordert weitere 6000 Watt; somit muß das Motörchen wenigstens 10 kW oder knapp 14 PS aufbringen.

Ein großer, langsam rotierender Propeller wäre hier am besten, aber Sie haben einen kleinen und schnellen Propeller eingeplant, mit dem Sie nun auskommen müssen. Er sitzt direkt auf der Kurbelwelle des schnelldrehenden Motors. Der Wirkungsgrad des Propellers liegt dann bestenfalls bei 50 Prozent. Also muß der Motor stärker ausgelegt werden, d. h. Sie brauchen einen 20-kW-Motor.

Jetzt haben Sie alle Informationen beisammen, setzen sich ans Reißbrett und erarbeiten die Details der Konstruktion. Dabei können Sie noch manches berücksichtigen, beispielsweise ein unerwartet hohes Gewicht der Flügelkonstruktion.

Regelwidrigkeiten

Bei allen Fluggeräten strebt man – wenn die übrigen Merkmale festliegen – eine möglichst hohe Gleitzahl an. Bei einem Drachen bringt eine hohere Gleitzahl als 2 keinen weiteren Vorteil. Ein Drachen mit guter Aerodynamik, also schmalen Tragflächen, wird fast senkrecht über Ihnen schweben. In dieser Position ist seine Fluglage jedoch nicht stabil: Er wird sich wie ein schlecht getrimmtes Segelflugzeug verhalten, und die Schnur wird schlaff herabhängen.

Dann können Sie auch mit heftigem Ziehen an der Schnur nichts ausrichten. Der Drachen wird herumtorkeln und schließlich seitlich abdriften. Dabei wird die Schnur zwar kurzzeitig wieder straff gezogen, aber bei dem Sturzflug nach der Seite wird Ihr schönes Meisterwerk, an dem Sie das ganze Wochenende so hart gearbeitet haben, völlig außer Kontrolle geraten.

Ein Drachen mit zwei Schnüren kann sicher gesteuert werden. Besser als die früher verwendeten Materialien (leichtes Pergamentpapier für die Bespannung und Bambus für die Spanten) sind die modernen Werkstoffe: Polyamid und Graphitfasern. Nach wie vor fliegen die Drachen am besten, wenn ihre Schnur straff gespannt ist. Das erfordert einen hinter der Tragfläche abreißenden Luftstrom – einen aerodynamischen Zustand, den Vögel und Flugzeugbauer um jeden Preis zu vermeiden trachten.

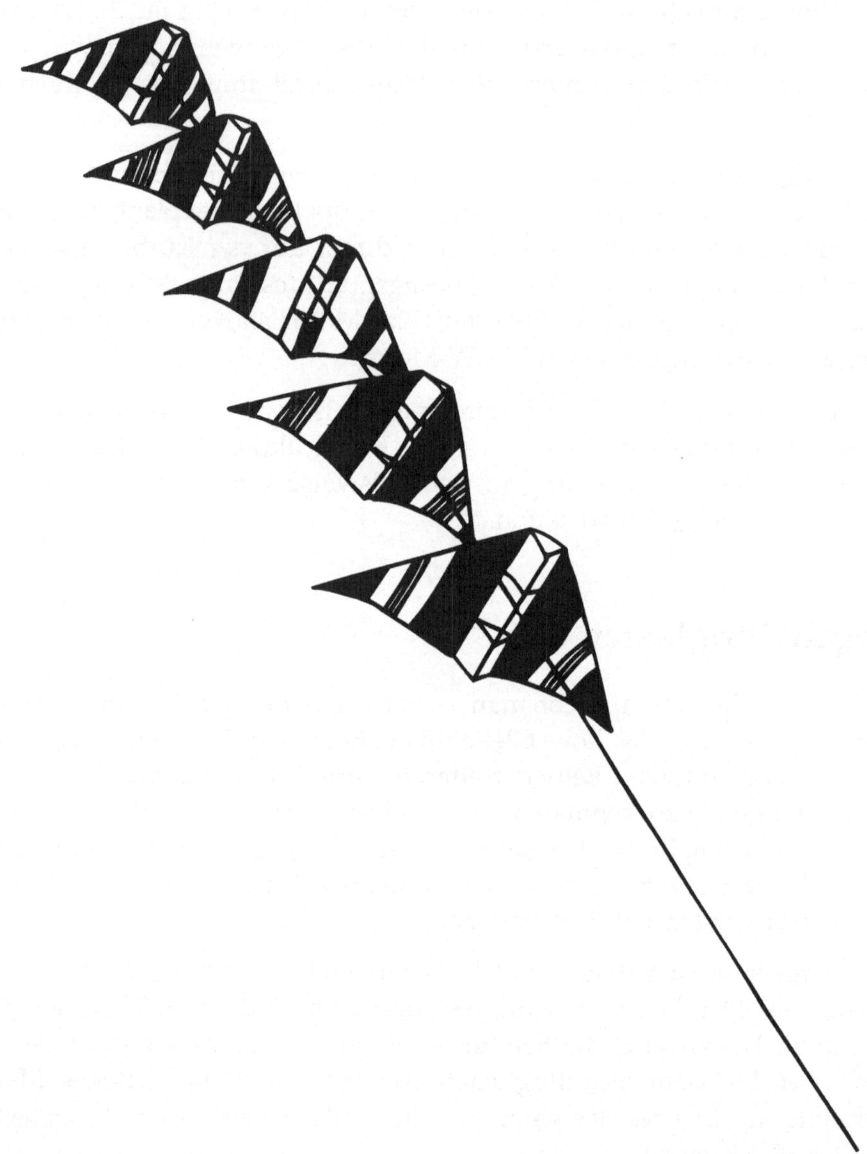

Ein Mehrfach-Drachen.

Kein Flugzeugkonstrukteur käme je auf die Idee, eine Dampfmaschine als Triebwerk einzusetzen. Sie wäre viel zu schwer, und ihr
Wirkungsgrad ist bestürzend klein, d. h. sie setzt die Brennstoffenergie
nur zu einem geringen Prozentsatz in mechanische Energie um.
Dennoch wurde das erste Modellflugzeug von einer Dampfmaschine
angetrieben. Der amerikanische Flugzeugpionier Samuel P. Langley ließ

es im Jahre 1896 bei Washington über den Potomac fliegen. Es kam gut einen Kilometer weit. Das 15 kg schwere Modell war als Doppeldecker mit 3,7 m Spannweite ausgeführt. Die Dampfmaschine wog 3,5 kg und gab an den Propeller vermutlich nur 300 Watt ab. Ein moderner Benzinmotor mit demselben Gewicht hat eine 10mal höhere Leistung. Trotz seiner Kürze und mancher anderer Schwierigkeiten war dieser Flug ein Meilenstein in der Geschichte der Luftfahrt. Einige Jahre später, am 17. Dezember 1903, gelang den Brüdern Wright ihr historisch gewordener Flug bei Kitty Hawk.

Versuche mit einem Papierflieger

Ein Buch über das Fliegen wäre unvollständig ohne einen Abschnitt über Papierflieger. Wer von uns hat noch nicht bei mancherlei Gelegenheit damit gespielt? Können Sie – ohne sich in komplizierten Faltungen zu verlieren – einen Papierflieger basteln, der wirklich fliegt und uns außerdem einige Aufschlüsse über das Fliegen gibt?

Sie brauchen nur eine Postkarte und eine große Büroklammer; siehe Abbildung 20. Es geht auch mit einem kleinen Blatt dünneren Papiers und einer normalen Büroklammer; Sie können kaum etwas falsch machen und nach Herzenslust herumprobieren. Warum Sie die Büroklammer brauchen, wird Ihnen spätestens nach dem ersten Startversuch ohne Klammer klar: Sie werfen die Karte mit leichtem Schwung nach vorn in die Luft. Sie wird leider nicht fliegen, sondern sich nach hinten überschlagen.

Der Grund dafür ist die Lage des Schwerpunkts in der Mitte der Karte. Damit liegt er zu weit hinten, denn die aerodynamischen Kräfte greifen vorn an. Das muß der Fall sein, denn sonst würde unser Möchtegern-Flugzeug sich nicht rückwärts überschlagen. Daher müssen wir den Schwerpunkt der Karte nach vorn verlagern, eben mit Hilfe der Büroklammer. In Abbildung 20 ist gezeigt, wo der Schwerpunkt des Fliegers liegen muß.

Die Büroklammer muß exakt in der Mittellinie sitzen. Bringen Sie jetzt noch keinen Knick in der Karte an. Nun kommt der nächste Startversuch – schon besser, nicht wahr? Sie werden bald herausfinden, daß ein solcher Papierflieger extrem empfindlich auf eine veränderte Lage des Schwerpunkts reagiert. Sitzt die Büroklammer auch nur ein bißchen zu weit vorn, ist der Flieger auf Sturzflug programmiert. Befindet sich die Klammer ein paar Millimeter zu weit hinten, dann wird kein stabiler Geradeausflug erreicht: Während die Nase nach oben

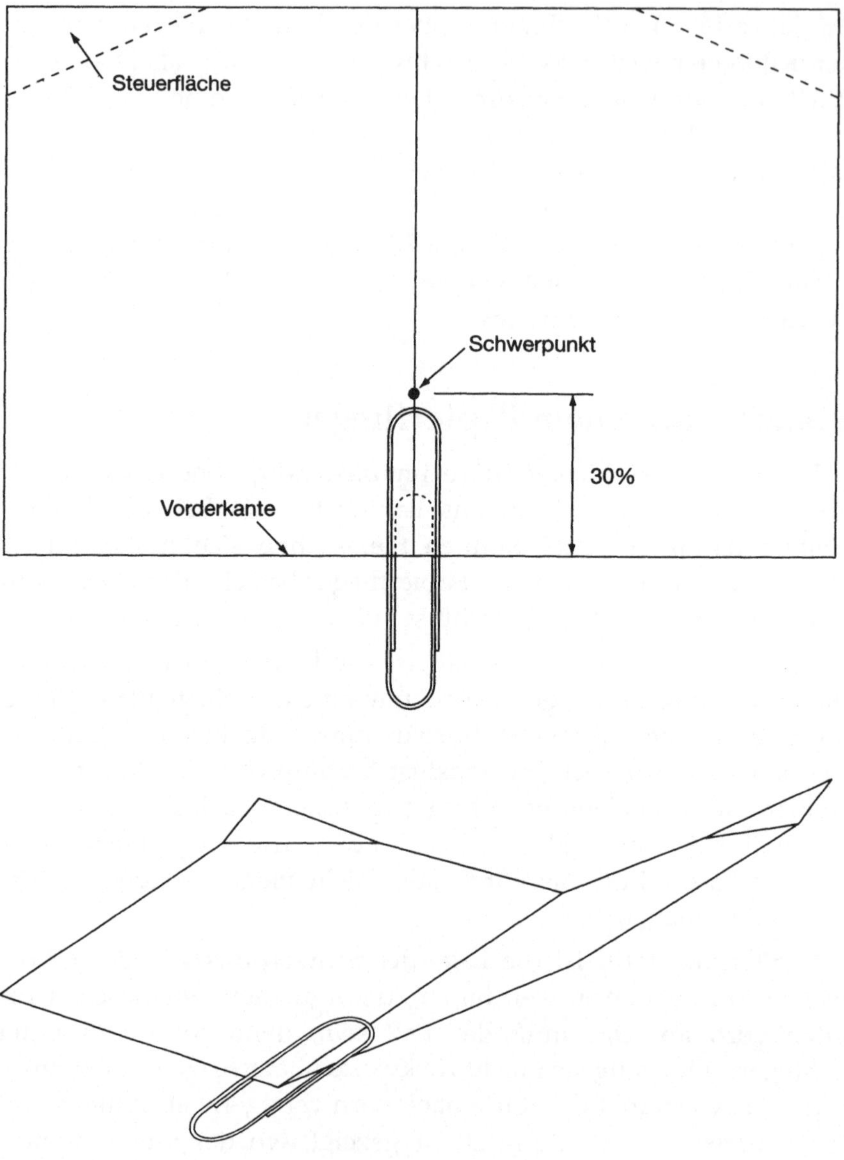

Abbildung 20:   Ein einfacher Papierflieger. Der Schwerpunkt sollte um ungefähr 30 Prozent der Länge hinter der Vorderkante liegen. Die hinten anzubringenden Steuerflächen dienen als Höhen- und als Querruder. Wenn Sie nach einigen Flugversuchen die richtige Position der Büroklammer gefunden haben, befestigen Sie sie mit einem Stück Klebestreifen. Bringen Sie für die ersten Flugversuche noch keine Knicke an; siehe Text.

steigt, wird der Flieger langsamer, so daß die Nase wieder nach unten kippt und die Geschwindigkeit zunimmt. Dabei kommt die Nase wieder hoch, und das Spiel beginnt von neuem. Dieses Flugverhalten des Papierfliegers erinnert an die Flug- und Landeübungen der jungen Silbermöwe, die ich in Kapitel 3 geschildert habe.

Wenn Ihr Papierflieger gut getrimmt ist, also der Schwerpunkt an der richtigen Stelle sitzt, wird er sanft dahingleiten. Natürlich dürfen wir von einem solchen Gebilde keine hohe Gleitzahl (*Finesse*) erwarten. Sie werden aber mit Freude feststellen, daß Ihr Flieger pro Meter Höhenverlust fast vier Meter weit kommt. Er hat damit die Gleitzahl 4, was für ein so primitives Gerät wahrlich nicht schlecht ist. Aber noch ist keineswegs alles in Ordnung. Können Sie Ihre Startversuche bei Windstille oder in einer Halle durchführen, dann werden Sie bald bemerken, daß der Flieger keine gute Seitenführung hat. Er wird bald eine Kurve einleiten, zuerst langsam und dann immer schneller. Er gerät also in eine beschleunigte Spiralbewegung, aus der er nicht mehr herauskommt. Was läuft hier falsch?

Die Karte ist ja nichts als ein glattes Stück Pappe oder Papier mit einer Büroklammer. Wenn sie seitwärts gleitet, erfährt sie keinerlei Widerstand. Das können Sie korrigieren. Dazu bringen Sie, wie in Abbildung 20 gezeigt, entlang der Mittellinie einen leichten Knick an. Nun liegen die Tragflächen-Enden etwas höher als der Rumpf. Wenn dieser Flieger nach links zu gleiten droht, wird der linke Flügel etwas nach oben gedrückt (und der rechte nach unten). Dabei dreht sich das Gebilde um seine Längsachse etwas nach rechts, und es wird eine Rechtskurve einleiten, um die Bewegung nach links auszugleichen – so wie sich ein Radfahrer in den schräg von vorn kommenden Wind lehnt. Mit

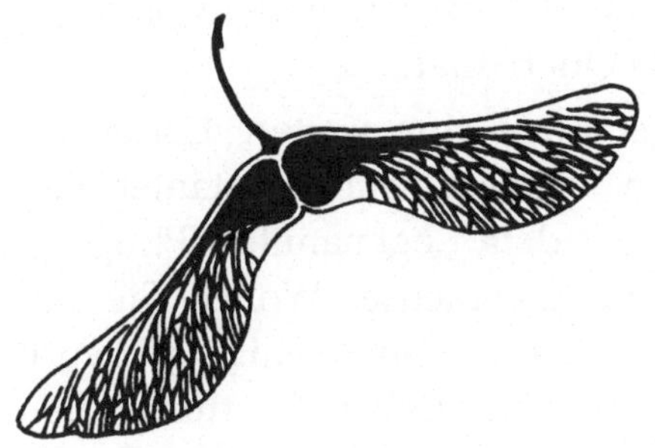

Der Samen des Norwegischen Ahorns (*Acer platanoides*):
$G = 0{,}002\,\mathrm{N}$, $A = 0{,}0015\,\mathrm{m}^2$, $b = 0{,}10\,\mathrm{m}$.

dem Längsknick haben Sie den Spiralflug vermieden, und der Flieger hat eine stabile Richtung.

Wenn Sie in Experimentierlaune sind, werden Sie zuerst einmal die Büroklammer mit einem Stückchen Klebeband befestigen. Sie wollen das Erreichte ja nicht unnötig aufs Spiel setzen. Weiterhin denken Sie an das Leitwerk eines normalen Flugzeugs und bringen die leichten Aufwärtsknicke an den hinteren Ecken an; siehe Abbildung 20. Dadurch wird der Flieger langsamer, erhält aber eine höhere Stabilität. Knicken Sie nicht zu weit nach oben, weil der Flieger auf solche Veränderungen sehr empfindlich reagiert.

Mit etwas Geschicklichkeit und auch Geduld werden Sie erreichen, daß Ihr Flieger gerade so schnell fliegt, daß die Luftströmung noch nicht abreißt. Die Steuerflächen (d. h. die hinteren Knicke) wirken sich auch vorteilhaft aus, wenn sich nach einer Bruchlandung an der Wand die Büroklammer etwas verschoben hat. Wenn die Verschiebung nicht allzu groß ist, genügt es, die Winkel der Steuerflächen leicht zu ändern. Bei einem Flugzeug wird eine ungleichmäßige Beladung im Prinzip auf die gleiche Weise kompensiert: Wenn der Schwerpunkt nach vorn verschoben ist, wird das Höhenleitwerk um ein paar Grad nach oben verstellt, um die Nase des Flugzeugs oben zu halten. So wird unabhängig von der Beladung die Balance gewahrt. Dabei gibt es allerdings keinen großen Spielraum, denn der Schwerpunkt muß sich stets innerhalb recht enger Grenzen befinden.

Mit den Steuerflächen Ihres Papierfliegers können Sie auch einen konstanten Kurvenflug herbeiführen. Wenn Sie die linke Fläche etwas höher knicken als die rechte, wird er eine Linkskurve fliegen, und für eine Rechtskurve biegen Sie die rechte Fläche höher. Dabei dienen die Steuerflächen als Seiten- oder Querruder. Wenn der ganze Flieger etwas unsymmetrisch ist, läßt sich das mit unterschiedlichen Winkeln der hinteren Steuerflächen ausgleichen, so daß er trotzdem geradeaus fliegt. Auch dabei wirken die Steuerflächen als Querruder.

Sie können mit Ihrem Papierflieger noch eine weitere lästige Instabilität kennenlernen. Wenn er sich weigert, mit konstanter Geschwindigkeit zu fliegen, leidet er unter dem sogenannten Phugoid, einer langsamen Schwingung um seine Querachse. Wollen Sie ihn davon kurieren, verschieben Sie den Schwerpunkt ein wenig nach vorn und knicken die Steuerflächen etwas stärker nach oben. Sie dürfen den Schwerpunkt aber niemals so weit nach hinten verlagern, daß Sie die Steuerflächen nach unten biegen müßten, um die Trimmung zu bewahren. Das ergäbe ein katastrophales Flugverhalten.

Pedal-Antrieb

Schon seit grauer Vorzeit träumten die Menschen davon, sich aus eigener Kraft in den Himmel zu schwingen. Wir alle kennen die griechische Sage von Daedalus, der für den kretischen König Minos unter anderem das berühmte Labyrinth erbaut hatte. Weil er Ariadne bei der Befreiung des Theseus half, wurde er von Minos in eben diesem Labyrinth festgehalten. Daedalus baute für sich und seinen Sohn Ikarus aus Gänsefedern und Bienenwachs Flügel, mit denen sie entkommen konnten.

Wie die Sage berichtet, wurde Ikarus auf dem Flug übermütig und kam der Sonne zu nahe, so daß das Wachs schmolz. Er stürzte ab und ertrank im Meer. Daedalus aber konnte das Festland erreichen. Viele Jahrhunderte später verfertigte das italienische Universalgenie *Leonardo da Vinci* (1452–1519) erste Skizzen für hubschrauberähnliche Vorrichtungen und mit Muskelkraft getriebene Fluggeräte. Die Flügel, die er entwarf, konnten aber mit den relativ schwachen menschlichen Armmuskeln nicht betätigt werden (unsere Beinmuskeln sind weitaus kräftiger). Außerdem unterschätzte Leonardo die konstruktiven Probleme, die sich aus der enormen Größe der Flügel ergeben. Aber die Menschen träumten weiter davon, den Vogelflug nachzuahmen. Vor gut hundert Jahren experimentierte der deutsche Ingenieur Otto Lilienthal mit einfachen Geräten, die wir heute Hanggleiter nennen würden. Wie Jahrtausende zuvor Ikarus stürzte auch er tödlich ab.

Die ernsthafte Entwicklung von Fluggeräten, die mit Menschenkraft angetrieben werden, begann nach dem Ersten Weltkrieg. In den Jahren zuvor hatte der Göttinger Professor Ludwig Prandtl, einer der Begründer der modernen Aerodynamik, die Prinzipien des Fliegens erforscht. Er stellte unter anderem die Theorie auf, mit der sich der induzierte Luftwiderstand berechnen läßt. Angesichts der von ihm und seinen Kollegen erzielten Fortschritte nahmen einige Technische Hochschulen in Deutschland das Fach Luftfahrttechnik in ihre Lehrpläne auf, das bald schon recht populär wurde.

Im Ersten Weltkrieg wurden erstmals Flugzeuge in großem Umfang militärisch genutzt. Im Versailler Vertrag von 1919 wurden Deutschland die Konstruktion und der Bau von militärischem Gerät untersagt. Daher konnten sich die deutschen Luftfahrtingenieure nur mit dem Entwurf antriebsloser Flugzeuge beschäftigen. So befaßten sich die deutschen Aeronautikstudenten in jener Zeit mit Segelflugzeugen und mit muskelkraftgetriebenen Fluggeräten. Heute werden die internationalen

Segelflugwettbewerbe weitgehend von Teams deutscher Technischer Hochschulen beherrscht: Berlin, Darmstadt, Braunschweig, Karlsruhe und Stuttgart. Fast jedes Jahr gibt es neue Ideen, die den Segelflug noch perfekter machen sollen.

In der Zeit zwischen den beiden Weltkriegen konnten deutsche Ingenieure die Konstruktion von Segelflugzeugen wesentlich verbessern und wurden, wie gesagt, auf diesem Gebiet führend. Aber die mit Muskelkraft betriebenen Fluggeräte brachten höchstens kleine Hopser zustande, und man konnte eigentlich nur von Mißerfolgen sprechen. Seit den 50er Jahren belebte sich das Interesse am Fliegen mit Muskelkraft erneut, vor allem in England. Aber immer noch kamen die Konstrukteure nicht mit dem Prinzip klar, nach dem die Fluggeschwindigkeit extrem gering sein muß, damit solche Bemühungen überhaupt aussichtsreich sind.

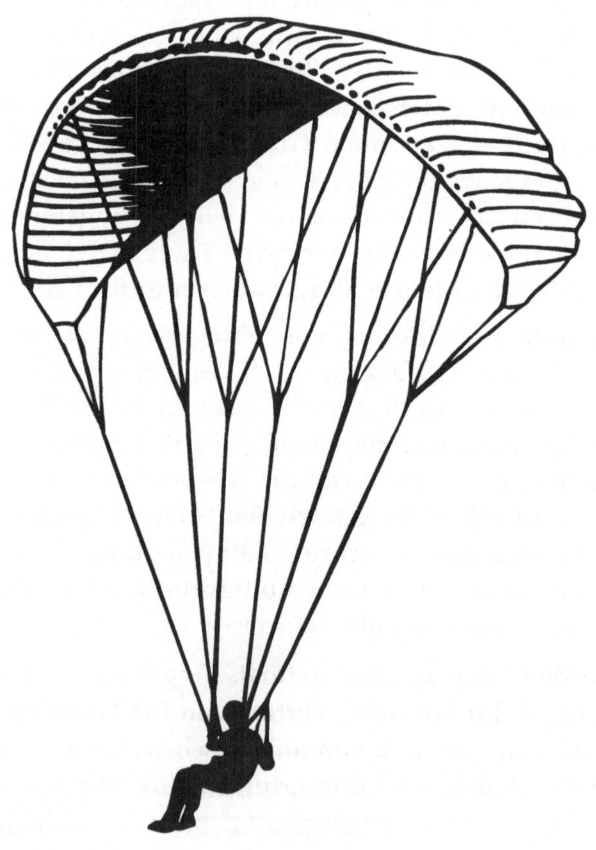

Paragleiter: $G = 1000\,\mathrm{N}$, $A = 25\,\mathrm{m}^2$, $b = 8\,\mathrm{m}$.

Im Jahre 1959 setzte der englische Industrielle Henry Kremer einen Preis von 5000 britischen Pfund aus. Der Betrag sollte demjenigen zustehen, der als erster nur mit eigener Kraft zwischen zwei 800 Meter voneinander entfernten Punkten eine Schleife in Form einer Acht fliegen konnte. Es vergingen etliche Jahre, ohne daß irgendwer Erfolg hatte. Kremer konnte sein Geld behalten. Er erhöhte das Preisgeld nach und nach, und bis zum Jahre 1975 war es auf 50000 Pfund gestiegen.

Der Anreiz war jetzt gewaltig. Auch der Flugzeugingenieur Paul McCready, Inhaber einer Firma für Umweltberatung in Kalifornien, befaßte sich nun etwas ernsthafter mit dieser Aufgabe. Er setzte mit seinen Überlegungen bei der Leistung an, die die menschlichen Muskeln aufbringen können. Einige Minuten lang kann ein gut trainierter Sportler rund 250 Watt aufbringen. Weiterhin ging McCready davon aus, daß das Fluggerät so leicht wie möglich sein muß, denn ein schwereres müßte schneller fliegen und würde daher eine zu hohe Leistung erfordern. Daher setzte er das maximale Startgewicht mit 100 Kilogramm an. Wenn der Pilot, der in die Pedale tritt, 65 Kilogramm wiegt, bleiben für das Fluggerät nur 35 Kilogramm. Es müßte aus Wellpappe, Klaviersaiten und Kunstfasergewebe gebaut werden. Eine solche Vorrichtung kann aerodynamisch nicht perfekt sein, hätte also keine hohe Gleitzahl. McCready strebte den Wert 20 an. Zum Vergleich: Segelflugzeuge haben Gleitzahlen von 40 und darüber. Dennoch war die Konstruktion ein mühsames Unterfangen.

Beim Gesamtgewicht 100 Kilogramm und der Gleitzahl 20 beträgt die aerodynamische Widerstandskraft 50 Newton (das entspricht der Gewichtskraft einer Masse von gut 5 Kilogramm). Der entscheidende Punkt der Berechnung war folgender: Wenn mit einer Leistung von 250 Watt eine Widerstandskraft von 50 Newton zu überwinden ist, wie hoch kann dann die Geschwindigkeit sein? Ein Watt ist gleich einem Newton-Meter pro Sekunde. Daher ergeben 250 Watt gegen eine Kraft von 50 Newton eine maximale Geschwindigkeit von 5 Meter pro Sekunde (vgl. unsere Überlegungen in den Kapiteln 2 und 4.) Das sind 18 Kilometer pro Stunde, und die erreicht jeder Jugendliche mühelos auf Omas Fahrrad.

Wenn 100 Kilogramm mit 5 Meter pro Sekunde in der Luft zu halten sind, müssen die Flügel extrem groß sein. Wir verwenden wieder die Näherungsformel aus Kapitel 1:

$$\frac{G}{A} = 0{,}38 \cdot v^2 .$$

Mit der Gewichtskraft $G = 1000\,\mathrm{N}$ sowie der Geschwindigkeit $v = 5\,\mathrm{m/s}$ erhalten wir eine Flügelfläche A von über $100\,\mathrm{m}^2$ – so groß ist eine ganze Wohnung! McCready meinte, daß er mit Flügeln von $70\,\mathrm{m}^2$ auskommen sollte, wenn der Apparat sehr langsam fliegt.

Wenn ein Fluggerät die Gleitzahl 20 haben soll, so muß es sehr schmale Flügel haben. Nach unseren Berechnungen in Kapitel 4 ist hierfür mindestens die Flügelstreckung $R = 12$ nötig. Damit erhielt McCready die nötige Spannweite zu 30 Meter.

Das ist eine gewaltige Breite! 30 Meter entsprechen der Länge von anderthalb Tennisplätzen oder der Höhe eines zehnstöckigen Hauses. Ein Segelflugzeug der Standard-Klasse hat nur eine halb so große Spannweite. Man überlege nur einmal, wie schwierig die Konstruktion von Flügeln mit 30 Meter Spannweite ist, wenn sie nur 25 Kilogramm wiegen dürfen. Es sind ja rund 10 Kilogramm für Rahmen, Pedale, Kette und Propeller anzusetzen. Trotzdem hatte McCready mit seinem Team Erfolg. Am frühen Morgen des 23. August 1977 war der Preis, den Kremer ausgesetzt hatte, endlich gewonnen.

Angesichts der enormen Probleme war McCready oft kurz davor, aufzugeben. Plötzliche Windböen hatten manche Bruchlandung verursacht. Daher ging seine Mannschaft dazu über, Startversuche nur noch vor der Morgendämmerung zu unternehmen. Wegen der einfachen Konstruktion konnten die Fluggeräte recht schnell repariert werden. Wie McCready später sagte, hätte er bei längeren Reparaturzeiten wahrscheinlich nicht durchgehalten. Zudem standen ihm Freunde beratend zur Seite, die als Wissenschaftler am aeronautischen Laboratorium des *California Institute of Technology* (Caltech) tätig waren. In den frühen Stadien seines Projekts hatte McCready Probleme mit dem Entwurf eines geeigneten Propellers. Die mit Muskelkraft erzielbare Leistung (250 Watt) entspricht nur einem drittel PS. So konnte man sich keinerlei Verluste erlauben. Peter Lissaman, Professor für Luftfahrttechnik, erstellte ein ausgeklügeltes Computerprogramm, mit dem die Propellerform optimiert werden konnte. Nach einigen Stunden Rechenzeit am Supercomputer des *Caltech* war diese Hürde überwunden.

Der Vorstand des Chemiekonzerns *DuPont* war schon immer neuen Ideen gegenüber aufgeschlossen, die von intelligenten Träumern vertreten werden. Er beschloß, McCreadys Projekt zu fördern und moderne Werkstoffe zur Verfügung zu stellen, darunter Mylar (teflonähnlich), Kevlar (nylonähnlich) und Graphitfasern. Unterdessen hatte Lissaman zusätzliche Computerberechnungen angestellt, und andere Projektbeteiligte verbesserten die Konstruktion, so daß weniger Klaviersaite nötig war und außerdem der Luftwiderstand kleiner wurde. Man konnte die Gleitzahl auf 25 erhöhen, während das Leergewicht des Fluggeräts um gut 6 Kilogramm abnahm. Mit der Gewichtskraft 950 Newton und der Gleitzahl 25 betrug der Luftwiderstand nur noch 38 anstatt 50 Newton. Bei einer Geschwindigkeit von 5 Meter pro Sekunde waren nur noch 190 Watt nötig. Diese sind von einem professionellen Radfahrer bei guter Kondition stundenlang aufzubringen. Jetzt hatte man sogar Aussicht auf längere Flüge.

McCready stellte sich mit seinem Team der seinerzeit neuesten Herausforderung, die Henry Kremer sich ausgedacht hatte. Sie bestand in einem Preis von 100 000 britischen Pfund für die Überquerung des Ärmelkanals von Dover nach Calais mit einem muskelgetriebenen Fluggerät. Auch diese Summe gewann – wie schon den vorigen Preis – der Radrennfahrer Bryan Allen. Er bewältigte am 12. Juni 1979 die geforderte Strecke mit dem *Gossamer Albatross* (siehe die Abbildung zu Beginn dieses Kapitels). Er hatte damit gerechnet, knapp zwei Stunden lang in die Pedale treten zu müssen. Doch beim Kap Griz-Nez kam unerwarteter Gegenwind auf, und er benötigte 2 Stunden und 45 Minuten, bis er in Frankreich landen konnte.

Kremer hörte auch danach nicht auf, die Konstrukteure solcher Fluggeräte zu weiteren Entwicklungen anzustacheln. Für seinen Geschmack flogen McCreadys Apparate viel zu langsam. Wegen ihrer geringen Geschwindigkeit reagierten sie empfindlich auf Turbulenzen, Windböen und Gegenwind. Und was sollte man mit einem Gerät anfangen, das nur im Morgengrauen brauchbar war?

Wieder setzte Kremer einen Preis aus (diesmal 20 000 Pfund), und zwar für das erste mit Muskelkraft angetriebene Fluggerät, das innerhalb von drei Minuten ein gleichseitiges Dreieck mit 1,6 Kilometer Seitenlänge entlangfliegen konnte. Dazu mußte es durchschnittlich 32 km/h schnell sein. Wieder machten sich etliche Ingenieure und Wissenschaftler an die Arbeit, diesmal am *Massachusetts Institute of Technology*. Sie bemühten sich vor allem, die Gleitzahl weiter zu erhöhen. Die genannte Geschwindigkeit entspricht knapp 10 Meter pro Sekunde. Also muß die Gleitzahl 33 betragen, wenn ein Fluggerät der Masse 100 Kilogramm einen Widerstand von nur 30 Newton erfahren soll, und es müssen 300 Watt an Leistung aufgebracht werden. Das kann ein Profi-Radfahrer höchstens 10 Minuten lang schaffen. Die Mühen lohnten sich: Im Mai 1984 mußte Kremer schon wieder bezahlen, denn mit dem *Monarch* konnte man die Forderung erfüllen.

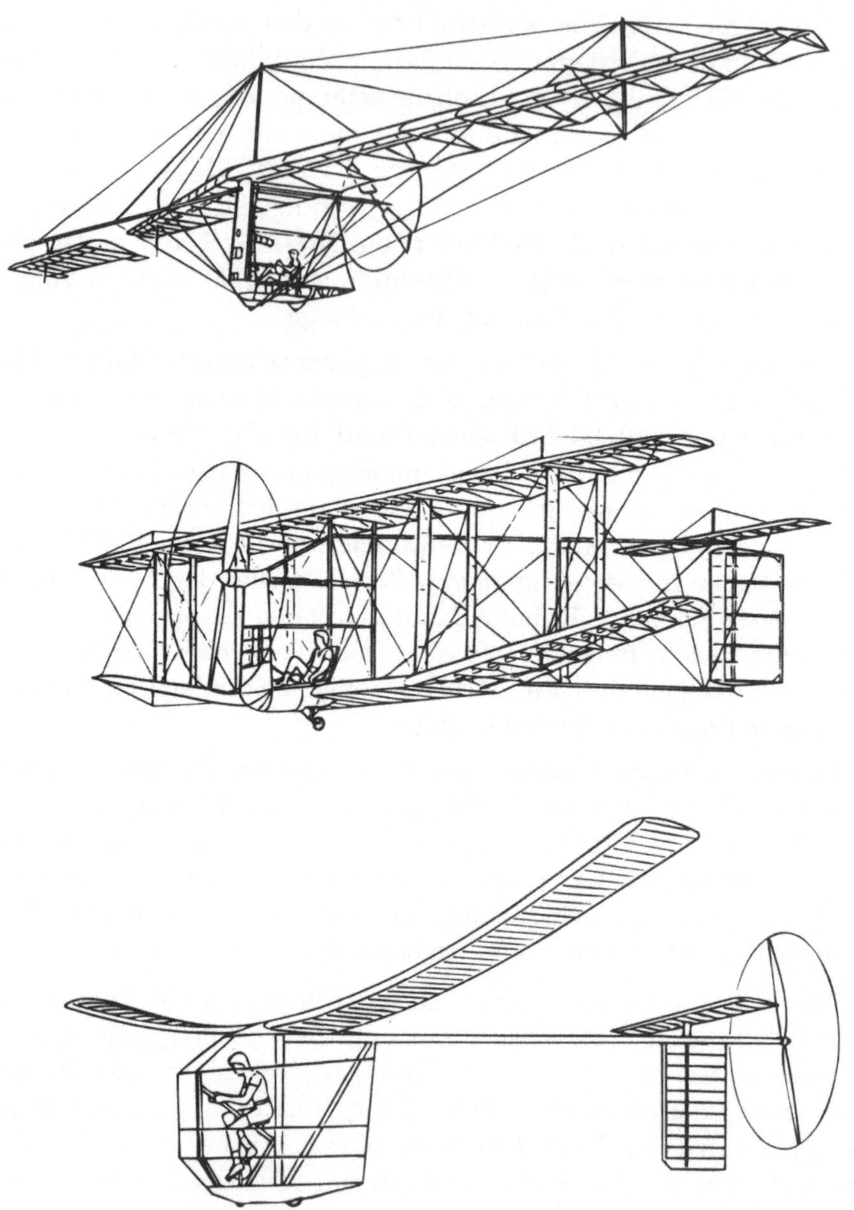

Abbildung 21: Mit Muskelkraft angetriebene Fluggeräte. Von oben: *Gossamer Condor, Chrysalis* und *Musculair*. Der *Monarch*, gebaut am *Massachusetts Institute of Technology*, ähnelt dem *Musculair*. Quelle: *Scientific American*, November 1985.

Der alte Traum, den Flug des Daedalus zu wiederholen, erfüllte sich schließlich am 23. April 1989. Der griechische Radprofi Kannellos Kannellopoulos flog ungefähr 120 Kilometer weit von der Nordküste Kretas auf die kleine Kykladen-Insel Santorin. Er brauchte dafür vier Stunden. Man hatte bei seinem Fluggerät sogar die Gleitzahl 40 realisieren können, und er flog mit 7 Meter pro Sekunde. Dafür genügten 200 Watt, die aber nur ein Leistungssportler stundenlang aufbringen kann. Eine ganze Mannschaft von Physiologen, Ergonomen und anderen Wissenschaftlern hatte vier Jahre lang an der Auswahl des Bewerbers und dem Training des späteren Gewinners gearbeitet, bis Kannellopoulos den Flug absolvieren konnte. Einige Anwärter schieden recht früh aus, weil ihr Verdauungssystem oder ihre Muskeln den Anforderungen nicht gewachsen waren. Viel Kraft allein genügt auch beim Fliegen nicht.

Boeing 747-400: $G = 3{,}95 \cdot 10^6$ N, $A = 530$ m^2, $b = 65$ m.

6 Die Boeing 747 und ihre „Kollegen"

Im November 1991 flog ich mit einer Concorde der *British Airways* von London nach Washington und hatte dabei Gelegenheit, mich im Cockpit mit dem Flugkapitän zu unterhalten. Wir flogen gerade mit Mach 2, d. h. mit zweifacher Schallgeschwindigkeit (das sind beeindruckende 35 Kilometer in der Minute). Die Sonne war für uns gerade *im Westen*(!) aufgegangen. Ich suchte nach der Anzeige für den Treibstoffverbrauch, konnte sie aber nicht finden. So fragte ich den Kapitän:

„Wie hoch ist der momentane Treibstoffverbrauch?"

„Zwanzig Tonnen pro Stunde", erwiderte er.

„Das ist ja doppelt soviel wie bei der 747."

„Ja, aber wir fliegen ja auch zweimal so schnell."

Zwanzig Tonnen pro Stunde ergeben bei 3,5 Stunden Flugzeit insgesamt 70 Tonnen Kerosin. Und damit werden gerade einmal 100 Passagiere über den Atlantik transportiert. Wenn man einige freie Plätze annimmt, macht das 1000 Liter pro Passagier aus. Eine Boeing 747 braucht auf derselben Strecke ebenfalls 70 Tonnen, befördert aber 350 Passagiere und zudem 30 Tonnen Fracht. Die Concorde kann außer den 100 Personen und ihrem Gepäck nichts mehr mitnehmen. Sozusagen jeder verfügbare Kubikmeter ist mit Kerosin gefüllt, und doch hat die Concorde nur eine halb so große Reichweite wie der Jumbo. Wenn sie von England nach Barbados (vor der Küste Venezuelas) fliegt, muß sie in Lissabon zum Auftanken zwischenlanden.

Ich empfinde gegenüber der Concorde eine Art Haßliebe. Im wissenschaftlichen Disput über meine Promotionsschrift hatte ich im Jahre 1964 behauptet, Überschallflugzeuge bedeuteten einen Rückschritt in der Luftfahrttechnik. Seinerzeit existierten die ersten Vorentwürfe für die Concorde, und es gab zahlreiche Gerüchte über einen triumphalen Fortschritt der Flugzeugtechnik. Eines schien dabei unzweifelhaft zu sein: Man muß überschallschnell fliegen!

Nun ist die Gleitzahl 5 von Überschallflugzeugen erbärmlich gering, verglichen mit dem Wert 15 der Boeing 747. Vor dreißig Jahren glaubte man noch, dieser Nachteil sei wettzumachen durch den hohen Wirkungsgrad der entsprechenden Triebwerke. Aber die modernen Bypass-Turbinen der normalen Düsenflugzeuge arbeiten doppelt so effizient wie die damaligen Ausführungen.

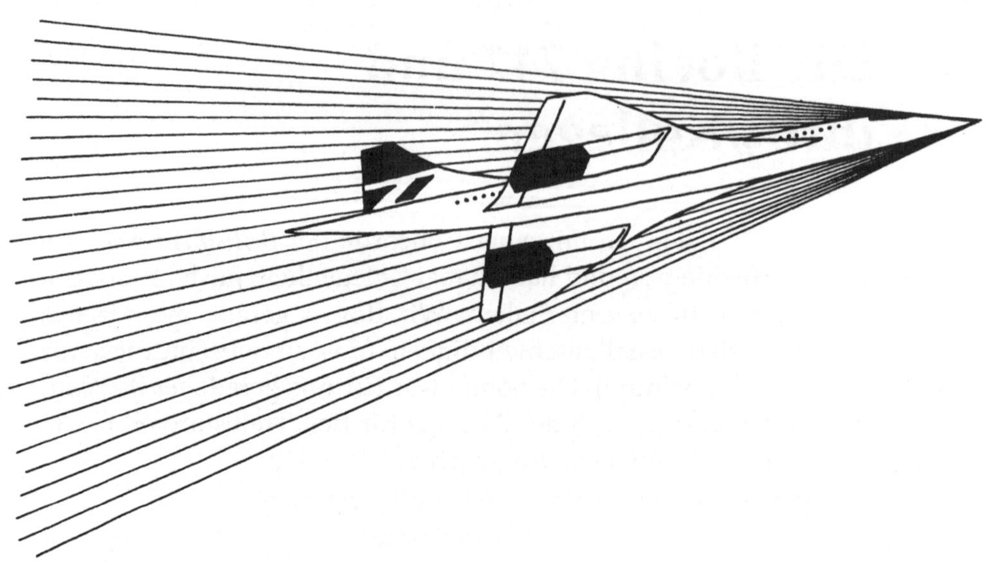

Concorde: $G = 1{,}8 \cdot 10^6$ N, $A = 358$ m^2, $b = 25{,}6$ m.
Die von ihr erzeugten Druckwellen sind in der Zeichnung angedeutet.

Ein Flugzeug, das schneller als der Schall fliegt, erzeugt in der Luft
Druckwellen, im Prinzip vergleichbar mit den Bug- und Heckwellen
schneller Schiffe. Die Druckwellen in der Luft führen zum Über-
schallknall, den man am Boden hören kann. Ihre Erzeugung erfordert
sehr viel Energie, und sie sind beim Überschallflug unvermeidlich.
Daher ist das Problem der geringen Gleitzahl nicht lösbar. Obwohl die
Passagiere in einer Concorde nichts hören, wenn diese die Schallmauer
durchbricht, ist die ökonomische „Schallmauer" äußerst real. Wenn man
Mach 1 (d. h. die einfache Schallgeschwindigkeit) überschreitet, benötigt
man eine dreimal höhere Leistung. Vor der Entwicklung der Concorde
war es der Flugzeugindustrie gelungen, bei ständig sinkenden Kosten
die Fluggeschwindigkeiten zu erhöhen. Auch wenn die Concorde aus
technischer Sicht ein faszinierendes Flugzeug sein mag, wirtschaftlich
und ökologisch bedeutet sie einen Rückschritt.

Die Concorde soll wohl das Paradestück der Flugzeugbauer sein,
aber die Boeing 747 ist viel beeindruckender, vielleicht gar vergleichbar
mit den ägyptischen Pyramiden, dem Eiffelturm oder dem Panama-
kanal. Sie ist das größte Verkehrsflugzeug der Welt und äußerst erfolgreich; bisher wurden rund 1 000 Stück in Dienst gestellt. Sie erfüllt
alle Anforderungen, die man heute vernünftigerweise an ein Flugzeug
stellt: Zuverlässigkeit, leichte Wartung, Rentabilität, geringer Treibstoff-

verbrauch, ausreichende Geschwindigkeit und hohe Ladekapazität. Angesichts ihrer Größe hat die Boeing 747 eine ganz normale Flächenbelastung der Flügel. Nur wegen ihres schieren Gewichts bildet sie fast eine eigene Klasse.

Eine einzige Boeing 747, die die gut 6000 Kilometer von Frankfurt nach New York und zurück fliegt, erbringt an einem Tag über drei Millionen Passagier-Kilometer, wenn man annimmt, daß jeweils rund 300 Plätze besetzt sind. Selbst wenn man die Zeit für Wartung und regelmäßige Inspektionen berücksichtigt, kommt eine 747 pro Jahr auf mehr als 300 Hin- und Rückflüge und damit auf eine Milliarde Passagier-Kilometer; dazu kommt noch die beförderte Fracht (rund 30 Tonnen pro Flug). Zehn Maschinen des Typs 747 könnten z. B. den gesamten Verkehr der niederländischen Eisenbahn bewältigen. Zugegeben, die Niederlande sind ein kleines Land, aber für das genannte Verkehrsaufkommen braucht man doch etliche hundert Busse und Pendlerzüge.

Vergleichen wir einmal mit dem Paradepferd der Deutschen Bahn: Ein ICE mit seinen rund 400 Sitzplätzen braucht für die gut 800 km lange Strecke von Hamburg nach München 5 Stunden und 40 Minuten, erreicht also eine Durchschnittsgeschwindigkeit von etwa 150 km/h. Selbst wenn der Zug ununterbrochen führe, würde er pro Tag nur 1,4 Millionen Passagier-Kilometer erreichen – das ist die Hälfte der

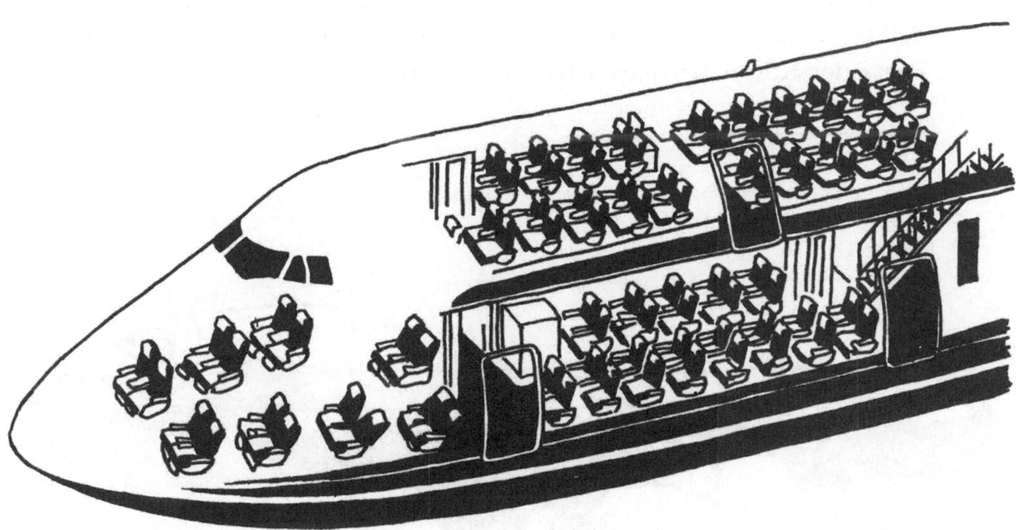

Innenansicht des Vorderteils einer Boeing 747-400.

Transportleistung einer Boeing 747. Ein Blick ins Kursbuch zeigt uns, daß ein ICE die genannte Strecke nur zweimal täglich zurücklegt, so daß sich dieser Wert auf die Hälfte reduziert. Der französische Hochgeschwindigkeitszug TGV (*Train à Grande Vitesse*) fährt überwiegend auf schnurgeraden Neubaustrecken und erzielt dadurch höhere Durchschnittsgeschwindigkeiten als der ICE. Er fährt die 400 km von Paris nach Lyon in zwei Stunden und nimmt 500 Passagiere auf. Wenn er am Tag dreimal hin und her fährt, jeweils mit fast doppelt soviel Passagieren wie eine Boeing 747, dann kommt er täglich auf gut eine Million Passagier-Kilometer. Die 747 erreicht aber dreimal soviel.

Und wie sieht es nun mit den Finanzen aus? Eine Maschine des Typs 747 kostet rund 240 Millionen DM. Der erste Eigentümer schreibt diese Summe über 10 Jahre ab. Dann hat das Flugzeug aber noch eine lange Betriebsdauer vor sich. Wertminderung und Verzinsung betragen in den ersten 10 Jahren durchschnittlich rund 23 bzw. 11 Millionen DM, zusammen 34 Millionen DM jährlich. Ein Drittel dieses Betrages muß durch das Frachtgeschäft erlöst werden. Demnach müßten pro Jahr, grob gerechnet, 23 Millionen DM durch den Verkauf von einer Milliarde Passagier-Kilometern hereingebracht werden. Das entspricht 2,3 Pfennig pro Passagier-Kilometer. Und was kostet Ihr Auto? Zinsen und Wertminderung belaufen sich auf vielleicht 30 Pfennig pro Kilometer bzw. auf 10 Pfennig pro Passagier-Kilometer, wenn drei Leute im Fahrzeug sitzen. Demnach ist Autofahren viel teurer als Fliegen.

In diesem Vergleich schneidet die Eisenbahn nicht sehr gut ab. Wir haben in Kapitel 2 schon ausgerechnet, daß der Energieverbrauch pro Passagier-Kilometer beim Zug halb so groß ist wie beim Auto. Aber

Douglas DC-10: $G = 2{,}56 \cdot 10^6$ N, $A = 368$ m^2, $b = 50$ m.

Lockheed Tristar: $G = 2{,}2 \cdot 10^6$ N, $A = 320$ m^2, $b = 50$ m.

die anderen Kosten sind happig. Eisenbahnzüge erfordern eine sehr teure Infrastruktur und haben auch enorm hohe Anschaffungspreise sowie lange Ruhezeiten. Sollen sie rentabel sein, dann benötigen sie fast in jedem Land staatliche Subventionen. Eine Eisenbahnfahrkarte wäre ungefähr doppelt so teuer, wenn alle Kosten nur über die Fahrpreise finanziert würden.

Wir haben noch gar nicht über die großen Passagierschiffe gesprochen. Warum waren sie eigentlich – abgesehen von den Kreuzfahrtschiffen – zum Untergang verurteilt? Dieser begann ja, als die Passagierflüge über den Atlantik aufkamen. Ein großes Passagierschiff ist kaum für weniger als 750 Millionen DM zu bauen. Für die Reise von Southampton nach New York und zurück braucht es 2 Wochen. Wenn wir die Wintersaison ausnehmen, ergibt das im Jahr 20 Hin- und Rückfahrten. Mit jeweils 1 500 Passagieren käme das Schiff dabei jährlich auf 320 Millionen Passagier-Kilometer. Wir sind optimistisch und setzen für Zinsen und Wertverlust jährlich 75 Millionen DM an. Dann kostet ein Passagier-Kilometer 23 Pfennig, also 10mal soviel wie bei der 747. Langsames Reisen hat seine Vorteile, vor allem hinsichtlich der reinen Betriebskosten. Bei der gesamten Rentabilität schneidet es aber sehr schlecht ab, und die Investitionen würden in annehmbarer Zeit kaum wieder eingefahren.

Auch bei der Fracht ist die Boeing 747 sehr rentabel. Vergleichen wir bei diesem Flugzeug einmal den Passagier- mit dem Frachttransport. Pro Passagier veranschlagen wir mit dem Gepäck sowie den unterwegs servierten Getränken und Mahlzeiten rund 100 Kilogramm. Ein Fluggast zahlt in der Economy-Klasse rund 15 Pfennig pro Kilometer. Das ergibt beim eben genannten Durchschnittsgewicht etwa 1,50 DM pro Tonnen-Kilometer. Während der recht häufigen Preiskämpfe der

Fluggesellschaften ist der Preis zuweilen noch viel niedriger. Hiervon gehen 30 Pfennig für den Treibstoff und 40 Pfennig für die Kapitalkosten ab. Aber für den Transport von Fracht braucht man weder Begleitpersonal noch Mahlzeiten und Getränke, auch keine Sitze, Toiletten usw. So ist der Frachttransport etwa zum halben Preis pro Tonnen-Kilometer anzubieten. Tatsächlich kostet die Fracht nur 0,90 DM pro Tonnen-Kilometer (gegenüber 1,50 DM für Passagiere). Bei verderblichen Waren, z. B. Schnittblumen, Obst oder Gemüse, kann der Preis bis zu 1,50 DM betragen. Auch lebende Tiere sind natürlich teurer zu transportieren als einfache Frachtkisten.

Stellen wir uns vor, Sie seien Mode-Einkäufer in Hamburg und bräuchten dringend eine Extralieferung der gerade heißbegehrten neuen Jeans, die in Malaysia hergestellt werden. 2000 Stück wiegen mit Verpackung rund eine Tonne. Eine Boeing 747 kann diese Tonne 16000 Kilometer weit für 9000 DM befördern. Das ergibt pro Stück 4,50 DM Mehrkosten, einige Prozent des Verkaufspreises.

Braucht man beispielsweise Gladiolen aus Südafrika, dann wird die Fracht pro Tonne ein bißchen teurer, denn man darf die Blumen nicht einfach flach hinlegen. Sie müssen aufrecht stehen, damit ihre Stengel und Blüten keinen Schaden nehmen. Innerhalb eines Tages sind Rosen aus Argentinien an ihrem Bestimmungsort in Europa oder Nordamerika. Freesien aus Israel werden am frühen Morgen in Amsterdam weiterverkauft und sind noch vor Mittag auf dem Weiterflug nach Chicago. Auch Obst und Gemüse nimmt oft den Luftweg; so werden grüne Bohnen von Tunesien nach Mitteleuropa in den Jahreszeiten befördert, in denen sie bei uns nicht wachsen. Der Mehrpreis durch den Lufttransport (60 Pfennig pro Tonnen-Kilometer) macht letztlich rund 50 Pfennig pro Kilogramm aus. Ich jedenfalls bin mitten im Winter bereit, für bestimmte Lebensmittel etwas mehr zu bezahlen, wenn ich sie nur auf diesem Wege frisch bekommen kann.

Luftfracht gilt weithin als teuer, doch sind die Preisunterschiede zu anderen Transportmitteln nicht so groß, wie mancher glaubt. Unternehmen wie UPS (*United Parcel Service*) sind beim Transport auf der Erde nicht viel billiger als Luftfracht. Sie besitzen außerdem eigene Frachtflugzeuge. Diese würde man sich kaum leisten, wenn sie nicht rentabel wären. Deutlich niedrigere Frachtpreise können – zumindest in Nordamerika – Unternehmen anbieten, die große Lastzüge (*Trucks*) über enorme Entfernungen einsetzen. Sehr große Mengen, z. B. von Erz, Kohle oder Getreide, sind mit Zügen zu transportieren, und zwar für rund 2 Pfennig pro Tonnen-Kilometer noch günstiger. Auf absehbare

Zeit wird niemand Erz oder Kies mit dem Flugzeug befördern lassen. Aber wir sollten die Luftfrachtkapazität nicht unterschätzen, die es derzeit auf der Welt insgesamt gibt. Wenn ein großes Flugzeug voll abgeschrieben ist, wird es oft an Frachtunternehmen verkauft, die Preise um 30 Pfennig pro Tonnen-Kilometer halten können.

Die erste Boeing 747 wurde im Jahre 1969 von der Fluglinie *Pan American* in Dienst gestellt. Bald folgten zahlreiche Flugzeuge dieses Typs bei vielen Airlines. Heute fliegen allerdings nicht mehr alle Maschinen aus jenen Jahren. Auch ältere Langstreckenflugzeuge, z. B. die Douglas DC-8 und die Boeing 707, werden seit langem von Frachtunternehmen genutzt. Wenn Sie das nächste Mal auf einem Flughafen sind, schauen Sie mal auf das Vorfeld: Sie werden zahlreiche Flugzeuge sehen, die bloß grau lackiert sind und kein Emblem einer Luftlinie tragen; auch ihre Fenster sind abgedeckt. Die Boeing 747 wird in solchen Frachtflotten bald noch häufiger auftreten. Das hatte auch der energische *Pan-Am*-Präsident Juan Trippe im Auge gehabt, als er Mitte der 60er Jahre mit Boeing einen Vertrag für ein Großraumflugzeug aushandelte, das leicht zu einer Frachtmaschine umzubauen sein sollte. Seinerzeit erwartete man, daß die Überschallflugzeuge sich im Passagierverkehr bald durchsetzen würden. Mit dieser Prognose lagen Trippe und andere zwar falsch, aber seine Anregung zu einem Großraumjet bescherte Boeing einen äußerst erfolgreichen Flugzeugtyp.

Wie bei allen Flugzeugen für den interkontinentalen Einsatz hatte man bei der Konzeption der Boeing 747 vor allem die Nordatlantikroute im Auge. Hier herrschen der dichteste Luftverkehr und der härteste Wettbewerb, aber hier kann eventuell am meisten verdient werden. Wenn man Glück hat, läßt sich der Flugplan sehr effizient einrichten. In den 50er Jahren brauchte ein Propellerflugzeug zwischen Europa und den USA rund 14 Stunden. Am nächsten Tag flog es dann zurück. Heute dauert ein Flug nach Westen ca. 8 Stunden, und schon 3 Stunden später befindet sich die Maschine auf dem Rückflug, um nach 7stündigem Flug in London, Amsterdam oder Frankfurt zu landen. Das Flugzeug ist 18 Stunden nach dem Start in Europa wieder zurück und kann jetzt gereinigt und gewartet werden. Alles läuft wie geschmiert, und die Fluggesellschaft braucht kein Fremdpersonal. Die äußerst wichtige Wartung geschieht immer am selben Ort mit denselben Fachkräften. Auch das trägt dazu bei, die Kosten geringzuhalten.

Auf den Langstrecken zwischen Europa und Nordamerika kann man nicht viel Zeit einsparen. Die Strecken Rom – New York oder

Amsterdam – Chicago müssen innerhalb von 9 Stunden bewältigt werden, sonst wäre ein fester Zeitplan mit der Rückkehr des Flugzeugs vor dem nächsten Morgen nicht möglich. Die Entfernung zwischen Rom und New York beträgt 6 900 Kilometer und ist damit um 1 100 Kilometer länger als die zwischen Amsterdam und New York. Eine Flugzeit von 9 Stunden für die Strecke Rom – New York erfordert eine Geschwindigkeit von wenigstens 800 Kilometer pro Stunde, denn man braucht ja noch Zeit für das Rollen auf dem Flugfeld, das Warten auf die Startfreigabe, die Warteschleifen vor der Landung und für diese selbst.

Will man so enge Zeitpläne auch bei längeren Strecken einhalten, dann muß die Fluggeschwindigkeit noch höher sein. Irgendwann müßte man sogar Schallgeschwindigkeit erreichen. Wie wir schon gesehen haben, ist ökonomisches Fliegen aber nur unterhalb der Schallgrenze möglich. Die unvermeidliche Erzeugung der Druckwellen beim Überschallflug erfordert zuviel Leistung und damit zuviel Treibstoff. Ein praktischer Grenzwert ist Mach 0,9, das sind 90 % der Schallgeschwindigkeit. Diese beträgt auf Meereshöhe 340 m/s bzw. 1 200 km/h. In großer Höhe ist sie geringer; so liegt in 12 km Höhe die Temperatur unter –50 °C, und die Schallgeschwindigkeit beträgt rund 1 070 km/h. Eine Fluggeschwindigkeit von Mach 0,9 entspricht dort 960 km/h. Will man möglichst ökonomisch fliegen, sollte die Geschwindigkeit maximal bei Mach 0,83 (oder 900 km/h) liegen.

Das bedeutet jedoch nicht, daß in 12 km Höhe der Anzeiger für die Fluggeschwindigkeit bei 900 km/h steht. Statt dessen werden wir „245 Knoten" ablesen. Ein Knoten entspricht einer Seemeile (1,84 km) pro Stunde. Wir lesen daher umgerechnet rund 450 km/h ab. Wie kommt dieser geringe Wert zustande? In Wahrheit mißt der „Tachometer" des Flugzeugs nicht die Geschwindigkeit v, sondern das Produkt $d v^2$, das wir in den Kapiteln 2 und 4 besprochen haben. Die Dichte der Luft kann beim Flug nicht separat ermittelt werden. Deshalb ist der Geschwindigkeitsmesser auf die Luftdichte in Meereshöhe geeicht, die viermal so hoch ist wie in 12 km Höhe. Somit zeigt der Geschwindigkeitsmesser die Hälfte des wirklichen Wertes an: Das Flugzeug fliegt mit 900 km/h.

Aufgrund von Gegenwinden und anderen Verzögerungen dauert der 6 400 km weite Flug von Amsterdam nach Chicago 9 Stunden. Bei höherem Zeitbedarf müßte das Flugzeug über Nacht in Chicago bleiben. Ein stehendes Flugzeug kostet viel Geld. Wir hatten ja die jährlichen Kosten für Wertverlust und Verzinsung schon zu 34 Millionen DM abgeschätzt; das sind pro Stunde rund 3 900 DM.

Die Schallgeschwindigkeit – die ja nicht überschritten werden soll – ist praktischerweise so hoch, daß der weltweit am dichtesten beflogene Korridor über dem Nordatlantik rentabel genutzt werden kann. Nicht nur die Boeing 747 profitiert von diesen Gegebenheiten, sondern natürlich alle Langstreckenflugzeuge. An der 747 sollte uns nicht nur die schiere Größe beeindrucken. Dieses Flugzeug zeichnet sich vielmehr dadurch aus, daß bei ihm die prinzipiellen Probleme auf optimale Weise gelöst wurden. Es trifft sich gut, daß die Rentabilität ein großes Flugzeug erfordert. Aber das ist nicht alles, weil die Maße der 747 im Grunde nicht frei wählbar waren, auch wenn Trippe und die Boeing-Ingenieure das glaubten.

Sehen wir uns die Anforderungen an, die zu erfüllen waren.

Anforderung 1: Ein Flugzeug muß so schnell wie möglich fliegen können (ohne daß die Gleitzahl gering sein darf). Je höher die mittlere Geschwindigkeit ist, desto weniger wirken sich die Kapitalkosten aus. Wenn allein die Wertminderung jährlich mehrere Millionen DM ausmacht, darf man keinesfalls trödeln.

Anforderung 2: Ein Flugzeug muß mit Unterschallgeschwindigkeit fliegen, damit die Gleitzahl nicht zu niedrig ist. Würde der Überschallflug nicht so viel Treibstoff beanspruchen, wäre er eine tolle Sache. Leider verschlingt diese Fortbewegung aber viel zu viel Energie. Das sinnvolle Maximum der Geschwindigkeit liegt bei Mach 0,9.

Angesichts dieser beiden Forderungen ist Mach 0,9 eine minimale und gleichzeitig eine maximale Geschwindigkeit. Wir haben uns dabei selbst ausmanövriert, aber es gibt einen Ausweg: Die modernen Flugzeugtriebwerke arbeiten um so effizienter, je höher die Geschwindigkeit ist. Die schnell anströmende Luft wirkt dabei wie ein zusätzlicher Turboverdichter, so daß die Turbinen bei Mach 0,9 sozusagen einen Turbo-Schub erhalten.

Anforderung 3: Ein Flugzeug muß hoch fliegen, um den Treibstoff gut auszunutzen. Je kälter die Luft ist, desto effizienter arbeiten die Turbinen; denn ihr Wirkungsgrad ist um so höher, je größer die Temperaturdifferenz zwischen einströmender Luft und Brennkammer ist. Das entspricht den Gesetzen der Thermodynamik, die u. a. von dem Franzosen *Sadi Carnot* (1796–1832) – wohlgemerkt: ein Ingenieur! – formuliert wurden. Grundsätzlich kann Wärme zu einem um so höheren Prozentsatz in mechanische Energie umgesetzt werden, je größer die vorliegende Temperaturdifferenz ist.

Fokker F-100: $G = 4{,}3 \cdot 10^5$ N, $A = 94$ m^2, $b = 28$ m.

Diese Tatsache hat für Düsenflugzeuge gravierende Auswirkungen.
Die Luft ist in der unteren Stratosphäre (gut 10 km über dem Erdboden)
mit –55 °C am kältesten. Langstreckenflugzeuge müssen hoch fliegen,
um große Entfernungen zu überwinden. Die große Höhe bietet weitere Vorteile: In der Stratosphäre gibt es fast nie Wolken und Gewitter,
so daß der Flugplan von den Wetterbedingungen kaum beeinflußt wird.
Man fliegt sozusagen „über dem Wetter". Auch den Passagieren ist das
durchaus recht, weil es dann weniger Turbulenzen gibt.

Weiterhin ist in großer Höhe die Luftdichte deutlich geringer als auf
Meereshöhe. Um in 10 km Höhe in der Luft zu bleiben, benötigt ein
Flugzeug relativ große Flügel. Diese erlauben andererseits in geringer
Höhe ein viel langsameres Fliegen: Die Fluggeschwindigkeit ist nahe
am Boden nur halb so hoch wie in Reisehöhe. Durch Ausfahren großer,
verstellbarer Zusatzklappen vorn und hinten an den Tragflächen kann
man Start- und Landegeschwindigkeit noch weiter vermindern, so daß
die Rollbahnen nicht extrem lang sein müssen.

Anforderung 4: Ein Flugzeug sollte keinen einzigen Meter höher fliegen, als unbedingt nötig ist. Dünnere Luft erfordert größere Flügelflächen (wie sie beispielsweise das US-Spionageflugzeug U-2 in den
60er Jahren hatte). Außerdem gelangt bei geringerer Luftdichte weniger
Sauerstoff pro Sekunde in die Brennkammern der Turbinen. Wenn man
unbedingt extrem hoch fliegen will, braucht man riesige Tragflächen
und überdimensionierte Turbinen.

Auch andere Konstruktionskriterien hängen mit dieser vierten Anforderung zusammen. So hat die Concorde übergroße Tragflächen, weil sie mit denselben (für sie eigentlich zu kurzen) Start- und Landebahnen auskommen muß wie die normalen Verkehrsflugzeuge. Um die Nachteile dieser Flügel zu verringern, fliegt die Concorde sehr hoch: etwa 18 Kilometer.

Gemäß der dritten und der vierten Anforderung sollte die Flughöhe bei 10 km liegen. Es lohnt sich nicht, höher zu fliegen, weil es dort auch nicht kälter ist. Die besten Bedingungen herrschen in der Tropopause, d. h. an der Grenze zwischen Troposphäre und Stratosphäre; hier ist die Temperatur tief genug und die Luftdichte noch ausreichend hoch. Aber wieder besteht ein Dilemma: Der Konstrukteur kann sich die Flughöhe nicht aussuchen, sondern sie ergibt sich aus den hier zusammengestellten Konditionen.

Ein richtig konstruiertes Verkehrsflugzeug muß ca. 10 Kilometer hoch und etwas langsamer als mit Mach 0,9 fliegen. Setzen wir die Geschwindigkeit mit 900 km/h bzw. 250 m/s an. Das entspricht Mach 0,83. Damit ist das Flugzeug auf der sicheren Seite, reizt also das Maximum nicht aus. Was können wir aus den beiden Werten folgern? Wir verwenden wiederum Gleichung 1. Sie beschreibt den Zusammenhang zwischen der Flächenbelastung G/A der Flügel sowie der Luftdichte d und der Fluggeschwindigkeit v:

$$\frac{G}{A} = 0{,}3 \cdot d\, v^2 \,.$$

In 10 km Höhe ist die Luftdichte $d = 0{,}413\ \mathrm{kg/m^3}$ (siehe Tabelle 6). Wenn wir das und die Geschwindigkeit $v = 250\ \mathrm{m/s}$ in die Gleichung einsetzen, so erhalten wir für die Flächenbelastung G/A einen Wert von $7740\ \mathrm{N/m^2}$.

Wie hoch ist das Gesamtgewicht eines ganz normalen Verkehrsflugzeugs, das eine solche Flächenbelastung hat? Sowohl zu große als auch zu kleine Flügel sind nachteilig, also folgen wir der Diagonalen in Abbildung 2. Für diese gilt

$$\frac{G}{A} = 47 \cdot \sqrt[3]{G} \,.$$

Daraus errechnen wir $G = 4{,}47 \cdot 10^6$ Newton. Das ist die Gewichtskraft von gut 450 Tonnen, und wir kommen auf eine Flügelfläche von 578 Quadratmeter.

Tabelle 6: Atmosphärische Daten: Höhe h über dem Meeresspiegel, Temperatur T und Luftdichte d. Der Index 0 bezieht sich auf den jeweiligen Wert in Meereshöhe. Demnach ist d/d_0 der Quotient aus der Dichte in Reisehöhe und der Dichte auf Meereshöhe. Der entsprechende Quotient v/v_0 der Geschwindigkeiten ist ebenfalls aufgeführt. Durch den Treibstoffverbrauch werden Flugzeuge während des Fluges immer leichter, so daß sie höher steigen müssen (siehe S. 152). Die letzte Spalte gibt in Prozent das relative Gewicht bei der betreffenden Flughöhe an, wenn das Gewicht G_9 beim Erreichen der Höhe 9000 m gleich 100 Prozent gesetzt wird.

h	T	d	d/d_0	v/v_0	G/G_9
m	°C	kg/m^3			%
0	15,0	1,225	1,000	1,00	
1000	8,5	1,112	0,908	1,05	
2000	2,0	1,007	0,822	1,10	
3000	−4,5	0,909	0,742	1,16	
4000	−11,0	0,819	0,669	1,22	
5000	−17,5	0,736	0,601	1,29	
6000	−24,0	0,660	0,539	1,36	
7000	−30,5	0,590	0,481	1,44	
8000	−37,0	0,525	0,429	1,53	
9000	−43,5	0,466	0,381	1,62	100
10000	−50,0	0,413	0,337	1,72	89
11000	−56,5	0,364	0,297	1,83	78
12000	−56,5	0,311	0,254	1,98	67
13000	−56,5	0,266	0,217	2,15	57
14000	−56,5	0,227	0,185	2,32	
15000	−56,5	0,194	0,158	2,52	
16000	−56,5	0,165	0,135	2,72	
17000	−56,5	0,141	0,115	2,95	
18000	−56,5	0,121	0,099	3,18	

Wir gingen von unserem Großen Flugdiagramm aus und haben daher mit Näherungswerten gerechnet. Wir dürfen deshalb ein wenig variieren, um die Daten des Jumbos zu reproduzieren. Die Boeing 747-400 hat ein maximales Startgewicht von 394 Tonnen und eine Flügelfläche von 530 Quadratmeter. Unsere Berechnungen ergeben die richtigen Werte, wenn wir den Zahlenfaktor 0,3 in Gleichung 1 etwas verringern. Das dürfen wir tun, weil der Wirkungsgrad der Turbinen bei höheren Geschwindigkeiten größer ist. Wir müssen nicht kleinlich sein; schließlich gelten die Gleichungen 1 und 3 ohnehin nur näherungsweise. Außerdem brauchen wir keine hohe Genauigkeit, denn wir wollen ja nur nachvollziehen, daß das Gewicht eines Flugzeugs bei 400 Tonnen liegen muß, wenn es in 10 km Höhe mit 900 km/h fliegt.

Vielleicht haben Sie jetzt den Eindruck, ich wollte Werbung für die Boeing 747 machen. Was ist denn mit den anderen Flugzeugtypen, die häufig eingesetzt werden? Wie schon angedeutet, müssen bei der Konstruktion von Flugzeugen einander widersprechende Kriterien in Einklang gebracht werden. Die physikalischen Gesetzmäßigkeiten sind keinesfalls zu umgehen, so daß bei den meisten Typen Kompromisse zu schließen waren. Die Boeing 747 ist eben das Flugzeug, bei dem die Anforderungen besonders gut erfüllt wurden. Ich versuche hier, diese Behauptung mit Beispielen zu belegen. Überlegen wir einmal, wozu es führte, wenn man von den Regeln abwiche. Die im Großen Flugdiagramm (siehe Abbildung 2) eingezeichnete Diagonale läßt der Kreativität der Flugzeugbauer einen gewissen Spielraum. Sie können Werte wählen, die etwas rechts oder links von dieser Geraden liegen. Das bedeutet, das Flugzeug erhält eine geringere bzw. eine höhere Flächenbelastung der Tragflächen, als sie bei dem betreffenden Gewicht theoretisch nötig ist.

Muß ein Düsenflugzeug wirklich 400 Tonnen wiegen? Natürlich nicht – man kann ohne weiteres leichtere Flugzeuge konstruieren. Aber eine kleinere Maschine hat eine geringere Flächenbelastung der Tragflächen und eine geringere Fluggeschwindigkeit, wenn es als maßstäbliche Verkleinerung größerer Flugzeuge ausgeführt ist. Soll es trotzdem 900 km/h schnell sein, muß es ungewöhnlich hoch fliegen. Die Boeing 737 wiegt nur 57 Tonnen. Mit Tragflächen, die ihrer Größe entsprechen, käme sie nach Gleichung 3 auf eine Flügelfläche von 146 Quadratmeter und eine Flächenbelastung von $3\,000\ \text{N/m}^2$.

Bei der gewünschten Geschwindigkeit (900 km/h bzw. 250 m/s) müßte gemäß Gleichung 1 die Luftdichte $0{,}2\ \text{kg/m}^3$ betragen. Laut Tabelle 6 ist das in 15 km Höhe der Fall. Ein Flugzeug wie die 737 wird aber vor allem auf Kurzstrecken eingesetzt und erreicht diese Höhe daher praktisch nie. Also mußten die Entwickler einen Kompromiß zwischen Fluggeschwindigkeit und Höhe finden. Sie legten die Flächenbelastung größer aus (d. h. die Flügel kleiner), als es der Theorie entspricht. Die Flügelfläche beträgt $105\ \text{m}^2$ (siehe Tabelle 7), und die Flächenbelastung von gut $5\,400\ \text{N/m}^2$ ist um 40 Prozent höher, als bei dieser Größe zu erwarten.

Warum hat die 737 nicht dieselbe Flächenbelastung wie die 747? Die Antwort: Würde man denselben Wert wie bei der 747 vorsehen, dann würden die Flügel mit $77\ \text{m}^2$ zu klein. Nach der Theorie muß ein

Flugzeug bei dem betreffenden Gewicht fast die doppelte Flügelfläche haben. Ein Vogel mit zu kleinen Schwingen hat sozusagen einen relativ dicken Rumpf, der einen zusätzlichen Luftwiderstand erzeugt, so daß das Fliegen weniger ökonomisch, d. h. energetisch aufwendiger ist. Die Form der Boeing 737 würde mit kleineren Flügeln noch mehr derjenigen eines Papageitauchers ähneln, als das ohnehin schon der Fall ist. Außerdem bräuchte die 737 bei derselben Flächenbelastung wie die 747 eine 3 km lange Start- und Landebahn. Dann könnte sie kleinere Flughäfen nicht anfliegen, die oft nur 2 km lange Bahnen haben. Die 737 ist aber, wie gesagt, für Kurzstrecken ausgelegt und damit auch für den Verkehr zwischen Regionalflughäfen. Wären diese für sie versperrt, ließe sie sich nicht wirtschaftlich einsetzen. Bei der Boeing 737 wurde ein vernünftiger Kompromiß erreicht zwischen der für dieses Gewicht hohen Reisegeschwindigkeit und dem dafür nötigen Aufwand.

In letzter Zeit hört man öfter von Überlegungen, ein riesiges Flugzeug zu bauen, das rund 1000 Tonnen wiegt. Seine Flächenbelastung

Tabelle 7: Einige technische Daten häufiger Flugzeugtypen. Die Schubkraft ist auf Meereshöhe bezogen. Quellen: *Jane's All the World's Aircraft, KLM Holland Herald, Martinair Magazine* und *Transavia Inflight Magazine.*

	Start-gew. G t	Flügel-fläche A m^2	Spann-weite b m	Schub-kraft S 10^5 N	Ver-brauch l/h	Reise-geschw. v km/h	Reich-weite km	Zahl der Sitze
Boeing 747-400	395	530	65	4 × 25,7	12300	900	12200	421
Boeing 747-300	378	511	60	4 × 23,8	13600	900	10500	400
Boeing 747-200	352	511	60	4 × 21,3	13900	900	9500	387
Douglas DC-10-30	256	368	50	3 × 23,1	10400	900	9900	248
Airbus A 310	139	219	44	2 × 22,7	5500	860	6400	200
Boeing 737-300	57	105	29	2 × 9,1	2700	800	4200	124
Fokker F-100	43	94	28	2 × 6,7	2400	720	1800	101
Fokker F-28	33	79	25	2 × 4,5	2500	680	1700	80

betrüge $10\,000\ \mathrm{N/m^2}$. Bei einer Reisegeschwindigkeit von $900\ \mathrm{km/h}$ müßte es in einer Höhe fliegen, bei der die Luftdichte $0{,}53\ \mathrm{kg/m^3}$ beträgt; siehe Gleichung 1. Nach Tabelle 6 ist diese Höhe 8 Kilometer. Daher könnte man nicht über dem Wetter fliegen. Außerdem wäre es in dieser Höhe mit $-37\ \mathrm{°C}$ nicht kalt genug (gegenüber $-55\ \mathrm{°C}$ in der Stratosphäre). Also müßte man die Flächenbelastung kleiner wählen, um eine Flughöhe von 10 Kilometer zu erreichen. Dafür wiederum müßten die Flügel sehr groß und damit sehr schwer sein, so daß die Nutzlast kleiner würde.

Die Konstruktion eines 1000-Tonnen-Flugzeugs würde eine ganze Reihe von Kompromissen erfordern. Zunächst dürfte seine Flächenbelastung nicht höher als die der 747 sein, weil sonst die vorhandenen Start- und Landebahnen zu kurz wären. Zudem käme man vermutlich mit dem Gewicht der tragenden Teile in Schwierigkeiten. Schon die Boeing 747 konnte man nur mit Hilfe neuer Titanlegierungen realisieren, die viel zäher sind als die besten zuvor verfügbaren Stähle oder Aluminiumlegierungen. Bei einem noch größeren Flugzeug benötigte man noch leichtere Werkstoffe, damit die Nutzlast nicht zu klein wird.

Ich glaube nicht, daß es ein Unternehmen der Flugzeugindustrie derzeit wagen könnte, ein Flugzeug mit 1000 Tonnen Gewicht für 1000 Passagiere zu bauen. Schon lange gibt es Spekulationen über solche Super-Jumbos, aber es kam noch nie mehr dabei heraus als kühne Entwürfe in verschiedenen Zeitschriften. Es gibt zumindest momentan eine Größengrenze, die nicht zu überschreiten ist. Außerdem ist die Boeing 747 so erfolgreich, daß die Wettbewerber schon dadurch abgeschreckt werden, ein Risiko einzugehen. Diese Maschine wird seit 25 Jahren hergestellt – und ich bin ziemlich sicher, daß weitere 25 Jahre folgen werden.

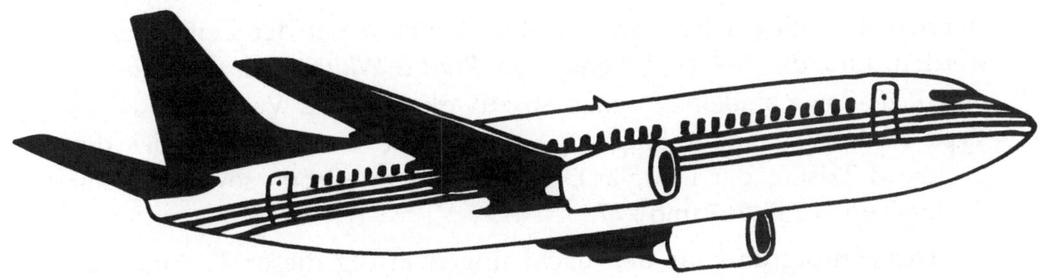

Boeing 737: $G = 5{,}7 \cdot 10^5\ \mathrm{N}$, $A = 105\ \mathrm{m^2}$, $b = 29\ \mathrm{m}$.

Während des Fluges wird ein Flugzeug leichter, weil es Treibstoff verbraucht. Die Flügelgröße ändert sich nicht, so daß die Flächenbelastung abnimmt. Wenn die Flughöhe beibehalten würde, die Luftdichte also dieselbe bliebe, müßte das Flugzeug wegen der abnehmenden Flächenbelastung seine Geschwindigkeit verringern. Verspätungen hat man jedoch nicht gerne. Zudem nähme der Wirkungsgrad der Turbinen ab, der nur bei hoher Geschwindigkeit optimal ist. Zum Aufrechterhalten der Geschwindigkeit muß das leichter werdende Flugzeug auf eine größere Höhe steigen, in der die Luftdichte geringer ist. Und wie ist es mit den Turbinen? Mit dem Gewicht nimmt auch die Widerstandskraft ab, wenn die Gleitzahl dieselbe bleibt. Ein geringerer Widerstand bewirkt, daß die Triebwerke eine kleinere Schubkraft bereitstellen müssen. Das geschieht quasi selbsttätig, weil die Turbinen in größerer Höhe mit dünnerer Luft betrieben werden.

Betrachten wir beispielsweise eine Boeing 747-400, die in Tokio zu einem langen Flug nach Frankfurt startet. Der Normalflug in Reisehöhe beginnt dann in 9 km Höhe, und das Flugzeug wiegt 380 Tonnen. Etwa 13 Stunden später wird über Wien der Sinkflug eingeleitet; bis hierhin hat das Gewicht um ein Drittel auf 250 Tonnen abgenommen. In der Zwischenzeit war die Maschine auf eine Höhe von 12,1 km gestiegen, in der die Luftdichte nur 66 Prozent des Anfangswertes beträgt (siehe Tabelle 6). Pro Stunde muß das Flugzeug wegen des Gewichtsverlusts rund 250 Meter höher steigen.

Wir sollten dieses Kapitel nicht abschließen, ohne einen Blick auf die Triebwerke zu werfen. Die ersten Exemplare der Boeing 747 waren mit Bypass-Turbinen der Firma *Pratt & Whitney* ausgerüstet. Sie wiesen ein hohes Nebenstromverhältnis auf. Zuweilen traten Probleme mit den Turbinenschaufeln auf. Außerdem riß aus unerklärlichen Gründen manchmal die Flamme ab, und bei hoher Leistung konnte sich das Verdichtergehäuse verziehen, so daß der Treibstoffverbrauch um über 10 Prozent anstieg. Die Schwachstellen konnten mit der Zeit beseitigt werden, und die 747-Triebwerke von *Pratt & Whitney*, *General Electric* und *Rolls-Royce* sind inzwischen so zuverlässig, daß Varianten dieses Typs auch für andere Flugzeuge verwendet werden, z. B. bei der Lockheed Tristar, der Douglas DC-10 und dem Airbus sowie bei den Boeing-Typen 757, 767 und 777.

Der Hauptgrund für den nachhaltigen Erfolg dieser Turbinen ist ihr geringer Treibstoffverbrauch. Auf normaler Reisehöhe und bei 900 km/h verbraucht jede Turbine pro Stunde ungefähr 3000 Liter

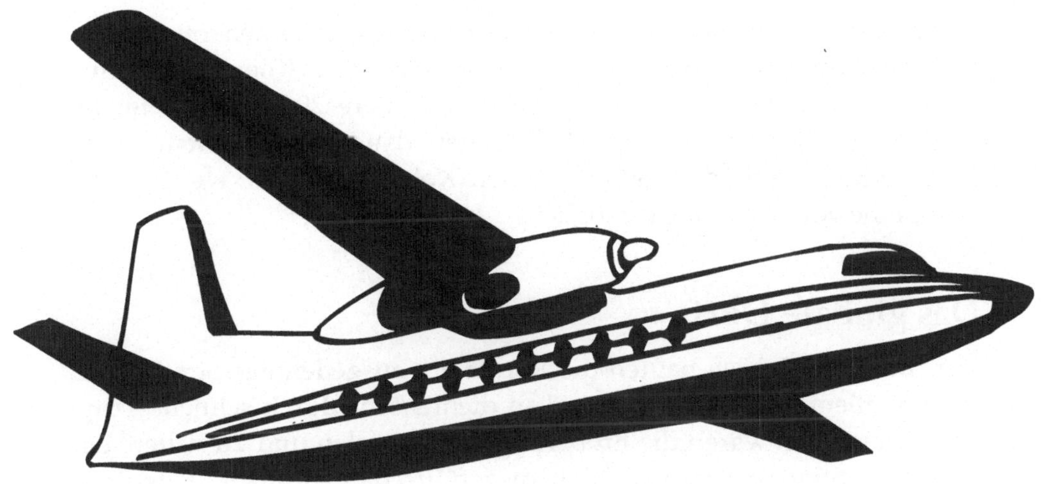

Fokker F-27 Friendship: $G = 2 \cdot 10^5$ N, $A = 70$ m^2, $b = 29$ m, P $= 2 \times 1600$ kW.

Kerosin. Dabei erzeugt sie eine Schubkraft von ca. 60 000 Newton. Die Leistung ist das Produkt aus Kraft und Geschwindigkeit. Mit der Geschwindigkeit 250 m/s ergibt sich die Leistung zu 15 Megawatt bzw. 15 000 Kilowatt. Somit verbraucht die Turbine pro Kilowatt und Stunde rund 0,2 Liter Kerosin. Zum Vergleich: Wenn ein Kleinwagen mit einem 20-kW-Motor 100 km/h schnell fährt und dabei 7 Liter pro 100 km verbraucht, dann benötigt er pro Kilowatt und Stunde 0,35 Liter Benzin. Der thermische Wirkungsgrad des Kolbenmotors im Auto liegt bei nur 25 Prozent, aber ein Bypass-Triebwerk mit hohem Nebenstromverhältnis erreicht bei niedriger Außentemperatur und hoher Geschwindigkeit bis zu 50 Prozent Energieausnutzung! Die Verbrennung von einem Liter Kerosin oder Benzin liefert 36 Megajoule (das entspricht 42 Megajoule pro Kilogramm); also stimmen unsere Werte gut mit denen in Kapitel 2 überein; siehe Tabelle 3.

Bei der stationären Anwendung auf Meereshöhe liefert die Turbine eines 747-Triebwerks rund 20 Megawatt Leistung – das sind mehr als 27 000 PS. Hier ist die Luft jedoch viel wärmer als in der normalen Flughöhe, und sie steht relativ zur Turbine auch still, so daß pro Zeit weniger Luft in die Turbine strömt. Deshalb ist der Treibstoffverbrauch hier deutlich höher, trotz anderer Vorteile. Wegen des verhältnismäßig geringen Gewichts werden Turbinen teilweise auch in Schiffen eingesetzt. Ein Dieselmotor mit gleicher Leistung wiegt etliche Dutzend Tonnen, aber ein Turbinentriebwerk nur ca. 4 Tonnen. Damit entfallen kaum 5 Prozent des Gewichts einer Boeing 747 auf ihre vier Triebwerke.

Wegen des schnellen Ansprechens werden Turbinen oft als Zusatzeinrichtungen in Kraftwerken eingesetzt. Ein Knopfdruck, und schon ein paar Sekunden später werden weitere 20 Megawatt in das Hochspannungsnetz eingespeist. Dagegen dauert es Stunden, bis in Kraftwerksblöcken, die mit Gas oder Kohle betrieben werden, der Dampf die volle Leistung ermöglicht.

Das globale Dorf

Vor rund 2000 Jahren bauten die Römer ein ausgedehntes Straßennetz, das vor allem militärischen Zwecken diente. Nur durch schnelle Truppenbewegungen waren die Eroberungen zu erzielen und zu halten. Die römischen Straßen waren so stabil ausgeführt, daß wir noch heute Reste davon in ganz Europa bewundern können. Im 17. Jahrhundert wurden in Holland zahlreiche Kanäle angelegt, die einer regelmäßigen Personenschiffahrt dienten, unabhängig von Stürmen oder Nebel. So konnte ein Kaufmann schnell und sicher von Haarlem nach Amsterdam gelangen und noch am gleichen Abend zu Hause sein. Solche Verkehrsverbindungen erleichterten den gemeinsamen Handel und damit den Zusammenhalt der Provinzen.

In England und Frankreich entstanden im 18. Jahrhundert ebenfalls große Kanalsysteme. Auch hier erwies sich die Investition in Verkehrsverbindungen als gute Vorbereitung auf die Zukunft. Im folgenden Jahrhundert begann man in ganz Europa, immer enger werdende Eisenbahnnetze anzulegen. In den USA verbindet das Eisenbahnnetz seit dem Jahre 1869 die Ost- mit der Westküste. Knapp hundert Jahre später wurde in den USA das Autobahnnetz ausgebaut. In jeder Epoche dienten angemessene Transportmittel dazu, die Einheit der Staaten zu erhalten oder ihr Einflußgebiet zu erweitern.

Als Marshall McLuhan von einem „globalen Dorf" träumte, dachte er vor allem an die Telekommunikation. Er meinte, daß das permanente Gespräch auf den interkontinentalen Leitungen die Menschen zwangsläufig einander näherbringt. Aber er hatte weniger daran gedacht, daß nach wie vor die direkte Begegnung und damit leistungsfähige Verkehrsverbindungen wichtig sind. Letztlich sind die besten Telefon-, Fax- und elektronischen Verbindungen nicht genug. Irgendwann werden Sie den Grand Canyon oder die ägyptischen Pyramiden in natura sehen und sich mit Menschen anderer Kontinente persönlich treffen wollen. Die großen Flugzeuge sind dabei so etwas wie Pendlerzüge im globalen Dorf.

Anhang: Daten ausgewählter Vögel

In der folgenden Tabelle sind die Vögel nach steigendem Gewicht G geordnet, das in Newton (N) angegeben ist. Ist das Gewicht gleich, wird nach der Fluggeschwindigkeit v (in Meter pro Sekunde) geordnet. Die Geschwindigkeit wurde jeweils berechnet, und zwar nach der Formel $G/A = 0{,}38 \cdot v^2$. Quellen: Crawford H. Greenewalt: „Dimensional relationships for flying animals", in: *Smithsonian Miscellaneous Collections*, No. 144 (1962) und verschiedene Handbücher zur Vogelbeobachtung.

	G / N	A /m^2	b/m	v/(m/s)
Rubinkehlkolibri *Archilochus colubris*	0,030	0,0012	0,09	8,1
Wintergoldhähnchen *Regulus regulus*	0,040	0,0032	0,14	5,7
Goldhähnchen *Corthylio calendula*	0,067	0,0058	0,18	5,5
Schnäpperwaldsänger *Setophaga ruticilla*	0,080	0,0063	0,18	5,8
Schwanzmeise *Aegithalos caudatus*	0,080	0,0060	0,18	5,9
Magnolien-Waldsänger *Dendroica magnolia*	0,092	0,0069	0,20	5,9
Winterzaunschlüpfer *Nannus hiernalis*	0,094	0,0041	0,16	7,8
Haubenmeise *Parus cristatus*	0,10	0,0073	0,20	6,0
Blaumeise *Parus caeruleus*	0,10	0,0066	0,21	6,3
Zaunkönig *Troglodytus troglodytus*	0,10	0,0040	0,17	8,1
Sumpfmeise *Parus palustris*	0,11	0,0065	0,20	6,7
Schilfrohrsänger *Acrocephalus schoenobaeus*	0,11	0,0054	0,19	7,3

	G / N	A /m^2	b/ m	v / (m/s)
Hauszaunkönig *Troglodytus aedon*	0,11	0,0048	0,17	7,8
Trauerschnäpper *Ficedula hypoleuca*	0,12	0,0091	0,24	5,9
Chickadee-Meise *Parus atricapillus*	0,12	0,0076	0,21	6,6
Gartenrotschwanz *Phoenicuris phoenicurus*	0,13	0,0091	0,26	6,1
Teichrohrsänger *Acrocephalus scirpaceus*	0,13	0,0067	0,20	7,1
Grauschnäpper *Muscicapa striata*	0,14	0,0012	0,27	5,5
Uferschwalbe *Riparia riparia*	0,15	0,012	0,31	5,7
Feldsperling *Passer montanus*	0,15	0,0075	0,22	7,5
Rauhflügelschwalbe *Stelgidopterix ruficollis*	0,16	0,011	0,30	6,2
Gebirgsstelze *Motacilla flava*	0,16	0,010	0,25	6,5
Mehlschwalbe *Delichon urbica*	0,16	0,010	0,29	6,5
Schafstelze *Motacilla cinerea*	0,16	0,0092	0,25	6,8
Hausrotschwanz *Phoenicurus ochruros*	0,17	0,012	0,27	6,1
Nachtigall *Luscinia megarhynchos*	0,17	0,010	0,25	6,7
Kaminsegler *Chaetura pelagica*	0,17	0,010	0,31	6,7
Distelfink (Stieglitz) *Carduelis carduelis*	0,17	0,0092	0,25	7,0
Wiesenpieper *Anthus pratensis*	0,18	0,0097	0,26	7,0

	G / N	A / m²	b/ m	v / (m/s)
Rotkehlchen *Erithacus rubecula*	0,18	0,0090	0,23	7,3
Heckenbraunelle *Prunella modularis*	0,18	0,0080	0,22	7,7
Domgrasmücke *Sylvia communis*	0,19	0,0090	0,23	7,5
Baumschwalbe *Tachycineta bicolor*	0,20	0,013	0,32	6,4
Rauchschwalbe *Hirundo rustica*	0,20	0,013	0,33	6,4
Baumpieper *Anthus trivialis*	0,21	0,013	0,29	6,5
Kleiber *Sitta europaea*	0,21	0,013	0,27	6,5
Kohlmeise *Parus major*	0,21	0,010	0,23	7,4
Buchfink *Fringilla coelebs*	0,21	0,010	0,28	7,4
Gimpel (Dompfaff) *Pyrrhula pyrrhula*	0,21	0,0095	0,26	7,6
Bachstelze *Motacilla alba*	0,22	0,013	0,28	6,7
Singammer *Melospiza melodia*	0,22	0,009	0,23	8,0
Trupial *Icterus spurius*	0,23	0,010	0,24	7,8
Zaunammer *Emberiza cirlus*	0,23	0,010	0,25	7,8
Grünling *Carduelis chloris*	0,24	0,010	0,27	7,9
Bergfink *Fringilla montafringilla*	0,25	0,012	0,28	7,4
Rotkopfwürger *Lanius senator*	0,26	0,014	0,31	7,0

	$G\ /\ \mathrm{N}$	$A\ /\mathrm{m}^2$	$b/\ \mathrm{m}$	$v\ /\ (\mathrm{m/s})$
Wellenläufer *Oceanodroma leucorhoa*	0,27	0,025	0,48	5,3
Feldlerche *Arlauda arvensis*	0,30	0,016	0,32	7,0
Haussperling *Passer domesticus*	0,30	0,010	0,25	8,9
Rotrückenwürger *Lanius collurio*	0,31	0,015	0,29	7,4
Ortolan *Emberiza hortulana*	0,33	0,012	0,27	8,5
Haubenlerche *Galerida cristata*	0,36	0,020	0,31	6,9
Mauersegler *Apus apus*	0,36	0,016	0,42	7,6
Buntfüßige Sturmschwalbe *Oceanites oceanicus*	0,38	0,022	0,39	6,7
Kernbeißer *Coccothraustus coccothraustus*	0,42	0,015	0,32	8,6
Purpurschwalbe *Progne subis*	0,43	0,019	0,41	7,7
Steinrötel *Monticola saxatilis*	0,47	0,016	0,36	8,8
Fichtenkreuzschnabel *Loxia curvirostra*	0,48	0,017	0,32	8,6
Drosseluferläufer *Actitis macularia*	0,48	0,015	0,36	9,2
Zwergohreule *Otus scops*	0,50	0,040	0,52	5,7
Raubwürger *Lanius excubitor*	0,50	0,021	0,36	7,9
Flußuferläufer *Tringa hypoleucus*	0,50	0,015	0,36	9,4
Rotdrossel *Turdus iliacus*	0,56	0,018	0,37	9,0

	G / N	A /m^2	b/ m	v / (m/s)
Sandregenpfeifer *Charadrius hiaticula*	0,62	0,019	0,40	9,3
Blaumerle *Monticola solitarius*	0,63	0,024	0,39	8,3
Pirol *Oriolus oriolus*	0,72	0,027	0,47	8,4
Waldwasserläufer *Tringa ochropus*	0,73	0,025	0,47	8,8
Gemeiner Star *Sturnus vulgaris*	0,80	0,019	0,37	10,5
Wanderdrossel *Turdus migratorius*	0,82	0,024	0,38	9,5
Wachtel *Coturnix coturnix*	0,83	0,017	0,36	11,3
Blauhäher *Cyanocitta cristata*	0,89	0,024	0,38	9,9
Wiedehopf *Upupa epops*	0,90	0,037	0,48	8,0
Amsel *Turdus merula*	0,90	0,025	0,40	9,7
Ziegenmelker *Caprimulgus europaeus*	0,92	0,040	0,57	7,8
Bekassine *Gallinago gallinago*	0,96	0,042	0,45	7,6
Wacholderdrossel *Turdus pilaris*	1,00	0,023	0,38	10,7
Kuckuck *Cuculus canorus*	1,04	0,042	0,58	8,1
Buntfalke *Falco sparverius*	1,14	0,036	0,52	9,1
Flußseeschwalbe *Sterna hirundo*	1,20	0,053	0,82	7,7
Blauracke *Coracias garrules*	1,30	0,048	0,62	8,4

	G / N	A /m^2	b/ m	v / (m/s)
Rotschenkel *Tringa totanus*	1,33	0,037	0,52	9,7
Dunkler Wasserläufer *Tringa erythropus*	1,33	0,033	0,54	10,3
Pinguin-Sturmtaucher *Pelecanoides urinatrix*	1,37	0,022	0,39	12,8
Merlin *Falco columbarius*	1,45	0,044	0,60	9,3
Wasserralle *Rallus aquaticus*	1,50	0,026	0,40	12,3
Wiesenralle *Crex crex*	1,55	0,032	0,48	11,3
Eichelhäher *Garrulus glandarius*	1,60	0,055	0,55	8,7
Tannenhäher *Nucifraga caryocatactes*	1,60	0,052	0,60	9,0
Steinkauz *Athene noctua*	1,60	0,046	0,60	9,6
Grünschenkel *Tringa nebularia*	1,60	0,040	0,61	10,3
Baumfalke *Falco subbuteo*	1,70	0,056	0,75	8,9
Goldregenpfeifer *Pluvialis apricaria*	1,80	0,036	0,59	11,5
Kiebitz *Vanellus vanellus*	2,0	0,067	0,75	8,9
Elster *Pica pica*	2,1	0,060	0,57	9,6
Turmfalke *Falco tinnunculus*	2,2	0,070	0,75	9,1
Dohle *Corvus monedula*	2,2	0,060	0,60	9,8
Uferschnepfe *Limosa limosa*	2,3	0,053	0,69	10,7

	$G\,/\,\mathrm{N}$	$A\,/\,\mathrm{m}^2$	$b/\,\mathrm{m}$	$v\,/\,(\mathrm{m/s})$
Wiesenweihe *Circus pygargus*	2,4	0,130	1,10	7,0
Waldohreule *Asio otus*	2,5	0,110	0,93	7,7
Sperber *Accipiter nisus*	2,5	0,080	0,75	9,1
Felsentaube *Columba livia*	2,5	0,060	0,70	10,5
Lachmöwe *Larus ridibundus*	2,6	0,085	0,97	9,0
Papageitaucher *Fratercula arctica*	2,7	0,035	0,56	14,2
Schleiereule *Tyto alba*	2,8	0,12	1,00	7,8
Haselhuhn *Tetrastus bonasia*	2,8	0,039	0,53	13,7
Schwarzer Scherenschnabel *Rhynchops niger*	3,0	0,089	0,99	9,4
Säbelschnäbler *Recurvirostra avosetta*	3,0	0,068	0,75	10,8
Waldschnepfe *Scolopax rusticola*	3,0	0,050	0,63	12,6
Teichhuhn *Gallinula chloropus*	3,0	0,040	0,60	14,0
Aztekenmöwe *Larus atricilla*	3,3	0,10	1,03	9,0
Blaureiher *Egretta caerulea*	3,4	0,13	0,98	8,2
Breitschwingenbussard *Buteo platypterus*	3,8	0,10	0,84	9,9
Sumpfohreule *Asio flammeus*	3,9	0,14	1,07	8,6
Schmarotzerraubmöwe *Stercorarius parasiticus*	3,9	0,12	1,05	9,4

	G / N	A /m^2	b/ m	v / (m/s)
Rebhuhn *Perdix perdix*	4,0	0,043	0,53	15,6
Waldkauz *Strix aluco*	4,2	0,13	0,95	9,2
Rundschwanzsperber *Accipiter cooperi*	4,3	0,090	0,71	11,2
Austernfischer *Haemotopus ostralegus*	4,4	0,065	0,80	13,3
Kornweihe *Circus cyaneus*	4,5	0,17	1,15	8,3
Alpenschneehuhn *Lagopus mutus*	4,6	0,049	0,60	15,7
Königsseeschwalbe *Sterna maxima*	4,7	0,11	1,15	10,7
Dreizehenmöwe *Rissa tridactyla*	4,9	0,097	1,05	11,5
Sturmmöwe *Larus canus*	5,0	0,15	1,20	9,4
Saatkrähe *Corvus frugilegus*	5,0	0,12	0,90	10,5
Ringeltaube *Columba palumbus*	5,0	0,080	0,75	12,8
Zwergsäger *Mergus albellus*	5,0	0,043	0,63	17,5
Nachtreiher *Nycticorax nycticorax*	5,1	0,16	1,05	9,2
Triel *Burhinus oedicnemus*	5,2	0,076	0,84	13,4
Kragenhuhn *Bonasa umbellus*	5,2	0,053	0,56	16,0
Rabenkrähe *Corvus cornix*	5,5	0,12	0,78	11,0
Bleßhuhn *Fulica atra*	5,6	0,060	0,72	15,7

	$G\ /\ N$	$A\ /\mathrm{m}^2$	$b/\ \mathrm{m}$	$v\ /\ (\mathrm{m/s})$
Wespenbussard *Pernis apivorus*	6,2	0,19	1,20	9,3
Moorschneehuhn *Lagopus lagopus*	6,2	0,063	0,68	16,1
Löffelente *Anas clypeata*	6,3	0,060	0,80	16,6
Habicht *Accipiter gentilis*	7,0	0,26	1,25	8,4
Rohrweihe *Circus aeruginosus*	7,0	0,22	1,35	9,1
Großer Brachvogel *Numenius arguata*	7,5	0,10	1,00	14,0
Tordalk *Alca torda*	7,8	0,038	0,68	23,2
Rotschulterbussard *Buteo lineatus*	8,0	0,17	1,02	11,3
Wanderfalke *Falco peregrinus*	8,0	0,13	1,05	12,7
Eissturmvogel *Fulmarus glacialis*	8,1	0,12	1,13	13,1
Zwergtrappe *Otis tetrax*	8,3	0,10	0,87	14,5
Weißer Sichler *Eudocimus albus*	9,0	0,16	0,95	12,2
Rotmilan *Milvus milvus*	9,3	0,29	1,60	9,2
Spießente *Anas acuta*	9,5	0,084	0,92	17,2
Trottellumme *Uria aalge*	9,5	0,054	0,71	21,5
Mäusebussard *Buteo buteo*	10	0,27	1,35	9,9
Rauhfußbussard *Buteo lagopus*	10	0,24	1,35	10,5

	G / N	A / m^2	b / m	$v / (m/s)$
Birkhuhn *Lyrurus tetrix*	10	0,10	0,84	16,2
Rotschwanzbussard *Buteo borealis*	11	0,21	1,22	11,7
Silbermöwe *Larus argentatus*	11	0,21	1,40	12,0
Hühnerhabicht *Astur atricapillus*	11	0,17	1,11	13,0
Stockente *Anas platyrhynchos*	11	0,093	0,90	17,6
Silberreiher *Egretta alba*	12	0,28	1,44	10,6
Fasan *Phasianus colchius*	12	0,088	0,72	18,9
Rosalöffler *Ajaia ajaja*	13	0,23	1,25	12,3
Riesenraubmöwe *Catharacta skua*	13	0,21	1,37	12,9
Ringelgans *Branta bernicla*	13	0,14	1,20	15,6
Graureiher *Ardea cinerea*	14	0,36	1,70	10,1
Ohrenscharbe *Phalacrocorax auritus*	14	0,18	1,16	14,4
Rohrdommel *Botauris stellaris*	15	0,23	1,20	13,1
Gänsesäger *Mergus merganser*	15	0,085	0,95	21,5
Truthahngeier *Cathartes aura*	16	0,44	1,75	9,6
Löffler *Platalea leucorodia*	16	0,25	1,40	13,0
Schlangenadler *Circaetus gallicus*	17	0,41	1,80	10,4

	G / N	A / m^2	b/ m	v / (m/s)
Uhu *Bubo bubo*	17	0,37	1,64	11,0
Bleßgans *Anser albifrons*	17	0,18	1,40	15,8
Mönchgeier *Coragyps atratus*	18	0,33	1,35	12,0
Krähenscharbe *Phalacrocorax aristotelis*	18	0,16	1,04	17,4
Amerikanischer Graureiher *Ardea herodias*	19	0,42	1,76	11,0
Mantelmöwe *Larus marinus*	19	0,27	1,73	13,6
Rabengeier *Coragus atratus*	21	0,33	1,38	12,9
Kormoran *Phalacrocorax carbo*	21	0,25	1,60	14,9
Eistaucher *Gavia immer*	24	0,14	1,47	21,7
Fischadler *Pandion haliaetus*	25	0,30	1,60	14,8
Südlicher Rußalbatros *Phoebetria palpebrata*	28	0,34	2,18	14,9
Weißstorch *Ciconia alba*	30	0,49	1,90	12,7
Tölpel *Sula bassana*	30	0,26	1,85	17,4
Graugans *Anser anser*	31	0,27	1,63	17,4
Saatgans *Anser fabalis*	31	0,27	1,60	17,4
Brauner Pelikan *Pelecanus occidentalis*	34	0,45	2,26	14,1
Steinadler *Aquila chrysaetus*	37	0,54	2,10	13,4

	G / N	A /m^2	b/ m	v / (m/s)
Schwarzbrauenalbatros *Diomedea melanophris*	38	0,36	2,16	16,7
Graukopfalbatros *Diomedea chrysostoma*	38	0,35	2,18	16,8
Seeadler *Haliaetus albicilla*	50	0,72	2,20	13,5
Südl. Riesensturmvogel *Macronectes giganteus*	52	0,33	1,99	20,3
Kanadagans *Branta canadensis*	57	0,28	1,70	23,0
Singschwan *Cygnus cygnus*	59	0,42	2,30	19,2
Gänsegeier *Gyps fulvus*	75	1,00	2,60	14,0
Wanderalbatros *Diomedea exulans*	87	0,62	3,1	19,4
Höckerschwan *Cygnus olor*	116	0,68	2,40	21,2

Literaturhinweise

Anderson, J. D. *Introduction to Flight*. McGraw-Hill, 1989.

Childress, S. *Mechanics of Swimming and Flying*. Cambridge University Press, 1981.

Elkins, N. *Weather and Bird Behavior*. Poyser, 1983.

Greenewalt, C. H. *Dimensional Relationships for Flying Animals*. In: „Smithsonian Miscellanious Collections" No. 144 (1962).

Hertel, H. *Structure, Form, Movement*. Reinhold, 1966.

Irving, C. *Wide-Body: The Making of the 747*. Hodder & Staughton, 1993.

McCormick, B. W. *Aerodynamics, Aeronautics and Flight Mechanics*. Wiley, 1979

Mises, R. von *Theory of Flight*. Dover, 1959.

Norberg, U. M. *Vertebrate Flight*. Springer, 1989.

Pennyquick, J. C. *Animal Flight*. Edward Arnold, 1972.

Pennyquick, J. C. *Bird Flight Performance*. Oxford University Press, 1989.

Ruygrok, G. J. J. *Elements of Airplane Performance*. Delft Univ. Press, 1990.

Rueppel, G. *Bird Flight*. Van Nostrand Reinhold, 1977.

Shevell, R. S. *Fundamentals of Flight*. Prentice-Hall, 1983.

Stillson, B. *Wings: Insects, Birds, Men*. Gollancz, 1955

Taylor, J. W. R. *Jane's All the Worlds Aircraft*. Jane's Information Group, 1988

Torenbeek, E. *Synthesis of Subsonic Airplane Design*. Delft University Press, 1982.

Tucker, V. A. *Respiratory exchange and evaporative water loss in a flying budgerigar*. Journal of Experimental Biology 48 (1968) 67–87.

Angelucci, E., Apostolo, G. (Hrsg.) *Weltenzyklopädie der Flugzeuge*. München, 1981–1985.

Götsch, E. *Einführung in die Luftfahrzeugtechnik*. Alsbach, 1989.

Grube, R., Evers, A. (Hrsg.) *Neue Technologien im Flugzeugbau*. Alsbach, 1989.

Kutter, R. *Flugzeug-Aerodynamik*. Stuttgart, 1983.

Das Große Flugzeugtypenbuch. Stuttgart,1987.

Register